Bibliografische Information der Deutschen Nationalbibliothek:

Die Deutsche Bibliothek verzeichnet diese Publikation in der Deutschen National-
bibliografie; detaillierte bibliografische Daten sind im Internet über http://dnb.d-
nb.de/ abrufbar.

Impressum:

Copyright © 2015 GRIN Verlag
Druck und Bindung: Books on Demand GmbH, Norderstedt Germany
ISBN: 9783668677159

Dieses Buch bei GRIN:

https://www.grin.com/document/418171

Caroline Kohnle

Aus der Reihe: e-fellows.net stipendiaten-wissen

e-fellows.net (Hrsg.)

Band 2729

Der Mechanismus der Dimerisierung und nukleären Translokation der extrazellulär regulierten Kinasen im Zusammenhang mit Zellproliferation

GRIN Verlag

JULIUS-MAXIMILIANS-UNIVERSITÄT WÜRZBURG

INSTITUT FÜR PHARMAKOLOGIE

STUDIENGANG BIOMEDIZIN

BACHELORARBEIT

ALTERNATIVE TARGETING STRATEGIES OF THE RAF-MEK-ERK1/2-CASCADE IN COLON CARCINOMA

VORGELEGT VON

CAROLINE KOHNLE

WÜRZBURG, 2015

Die vorliegende Arbeit wurde im Zeitraum vom

26. Mai 2015 bis zum 31. Juli 2015

am Institut für Pharmakologie der Julius-Maximilians-Universität

Würzburg in der AG Lorenz angefertigt.

Inhalt:

1 ABSTRACT

The Raf-MEK1/2-ERK1/2-cascade is an important signaling pathway for the regulation of cell proliferation, hypertrophy and apoptosis. Proliferation and hypertrophy are triggered by activated, dimeric ERK1/2, nuclear translocation of the dimer and phosphorylation of nuclear target proteins by ERK1/2, whereas the anti-apoptotic effects are mainly provoked by monomeric ERK1/2 in the cytoplasm. Kinase activity requires dual phosphorylation of the ERK1/2 TEY amino acid motif. Lorenz *et al.* (2009a+b) discovered an autophosphorylation site on threonine 188 of ERK2 which is induced by dimerization, subsequent binding of Gβγ-subunits of G proteins and is an important trigger for nuclear translocation of ERK1/2. They were also able to show that interference with this autophosphorylation site inhibits cardiac hypertrophy in mice. Ruppert *et al.* (2013) evaluated that this interference only prevents pathological cardiac hypertrophy, while physiological hypertrophy of the heart and anti-apoptotic effects mediated by cytosolic ERK1/2 were not impaired.

The experiments described here show that the strategy of targeting ERK1/2 dimerization is also applicable to inhibit proliferation of human colon adenocarcinoma cells. Cells were transduced with an adenovirus carrying a plasmid with the gene of a peptide, called myc-ERK2$^{309\text{-}357}$, which could be shown to bind to ERK2 and to prevent its dimerization. Proliferation of these cells was significantly lower than in *lacZ* transduced control cells. Levels of proliferation were determined using a tritium-thymidine incorporation assay.

Via Western Blot analysis it was determined that transduction with peptide or control virus did not significantly affect phosphorylation and activation of ERK1/2 on TEY-motif by MEK1/2 compared to untransduced cells. PD98059 was used as a positive control to inhibit ERK1/2 phosphorylation by repression of the MEK1/2 activity. The outcome of this assay confirms that the myc-ERK2$^{309\text{-}357}$-peptide does not inhibit cytosolic kinase activity of ERK1/2.

In a preliminary experiment apoptosis levels of virus transduced cells were determined using a luminescence based caspase detection assay. The selective MEK inhibitor PD98059 was used as a positive control to induce apoptosis in the examined cells. The result suggests that the cytosolic ERK1/2 effect of anti-apoptosis was not impaired by the myc-ERK2$^{309\text{-}357}$-peptide. This conclusion must be verified in further studies.

Taken together the findings suggest that interference with the Raf-MEK1/2-ERK1/2-cascade on the level of MAP-kinases ERK1/2 and its dimerization process could be a potential therapeutic target not only in pathological cardiac hypertrophy but also in ERK1/2-related cancers.

2 ZUSAMMENFASSUNG

Die Raf-MEK1/2-ERK1/2-Kaskade ist ein wichtiger Signaltransduktionsweg für die Regulation von Zellproliferation, Hypertrophie und Apoptose. Proliferation und Hypertrophie werden durch aktiviertes, dimeres ERK1/2, dessen Translokation in den Zellkern und Phosphorylierung von nukleären Zielproteinen vermittelt, wohingegen anti-apoptotische Effekte durch monomeres ERK1/2 im Zytoplasma ausgelöst werden. Für die Kinaseaktivität ist eine zweifache Phosphorylierung des TEY-Aminosäuremotivs von ERK1/2 durch MEK1/2 vonnöten. Lorenz *et al.* (2009a+b) entdeckten eine Autophosphorylierung am Aminosäurerest Threonin 188 von ERK1/2, die durch Dimerisierung und anschließende Bindung der βγ-Untereinheiten von G-Proteinen ausgelöst wird und für die nukleäre Translokation des Dimers wichtig ist. Sie konnten außerdem zeigen, dass Interferenz mit dieser Autophosphorylierungsstelle die Hypertrophie von Mäuseherzen unterbinden kann. Ruppert *et al.* (2013) fanden heraus, dass diese Interferenz nur die pathologische Herzhypertrophie verhindert, während die physiologische Hypertrophie des Herzens sowie die anti-apoptotischen Effekte von monomerem, zytosolischem ERK1/2 dabei nicht beeinträchtigt wurden.

Die hier beschriebenen Versuche zeigen, dass die Strategie, die Dimerisierung von ERK1/2 zu unterbinden, ebenso in der Proliferationshemmung von humanen Colon-Adenokarzinomzellen Anwendung finden kann. Die Zellen wurden mit einem Adenovirus transduziert, das ein Plasmid enthält, auf dem das Gen für ein Peptid liegt, welches an ERK1/2 binden kann. Die Proliferation dieser Zellen war signifikant geringer als die von *lacZ*-transduzierten Kontrollzellen. Die Proliferationsrate der Zellen wurde mit einem Tritium-Thymidin-Inkorporations-Assay bestimmt.

Mithilfe von Western Blot Versuchen konnte nachgewiesen werden, dass die Transduktion mit Peptid- oder Kontrollvirus die Phosphorylierung und Aktivierung von ERK1/2 durch MEK1/2 am TEY-Motiv, verglichen mit untransduzierten Zellen, nicht signifikant beeinflusst. Die Substanz PD98059 wurde als Positivkontrolle verwendet, um die ERK1/2-Phosphorylierung durch MEK-Inhibition zu verhindern. Die Ergebnisse dieses Versuchs bestätigen, dass das myc-ERK2[309-357]-Peptid die zytosolische Kinaseaktivität von ERK1/2 nicht hemmt.

In einem präliminären Experiment wurde die Apoptoserate der Virus-transduzierten Zellen bestimmt. Dafür wurde ein lumineszenz-basierter Caspase-Nachweis-Assay durchgeführt. Der selektive MEK-Inhibitor PD98059 wurde als Positivkontrolle zur Apoptoseinduktion in den untersuchten Zellen verwendet. Das Ergebnis lässt vermuten, dass der zytosolische ERK1/2-Effekt der Anti-Apoptose nicht durch das myc-ERK2[309-357]-Peptid beeinträchtigt wird. Diese Folgerung muss jedoch durch weitere Versuche bestätigt werden.

Die Resultate lassen darauf schließen, dass die Interferenz mit der Raf-MEK1/2-ERK1/2-Kaskade auf der Ebene der Dimerisierung der MAP-Kinasen ERK1/2 einen potentiellen therapeutischen Angriffspunkt darstellt, und dies nicht nur in der Behandlung der pathologischen Herzhypertrophie, sondern auch in ERK1/2-bedingten Krebsarten.

3.1 DIE RAF-MEK1/2-ERK1/2-KASKADE

Die Raf-MEK1/2-ERK1/2-Kaskade ist eine von mehreren ähnlich ablaufenden MAPK-(Mitogen-aktivierten Proteinkinase)-Kaskaden (YOON AND SEGER, 2006). Sie dient der Signalweiterleitung von Wachstumsfaktoren oder Hormonen von zellmembranständigen Rezeptoren zu den jeweiligen Effektorproteinen. Die Raf-MEK1/2-ERK1/2-Kaskade vermittelt auf diese Weise zelluläre Vorgänge wie beispielsweise Proliferation, Hypertrophie, ◄ Differenzierung, Überleben oder Apoptose (ZEHORAI et al., 2010).

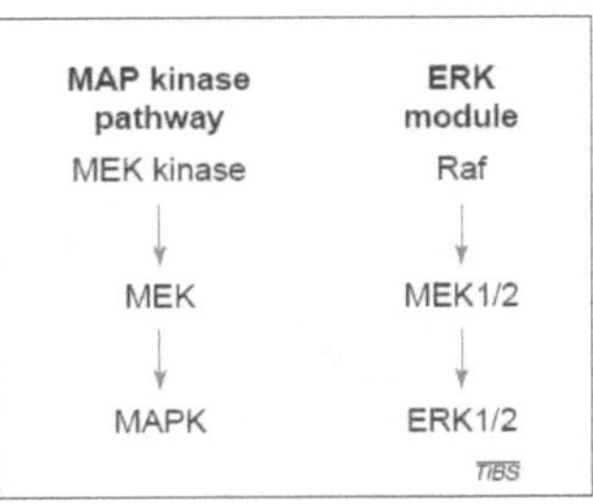

Abbildung 1: Allgemeine Signalkaskade des dreistufigen MAPK-Pathways (links) und spezifische Elemente des Raf-MEK1/2-ERK1/2-Signalwegs (rechts) (COBB AND GOLDSMITH, 2000)

In dieser Arbeit soll im Besonderen der Mechanismus der Dimerisierung und nukleären Translokation der extrazellulär regulierten Kinasen 1 und 2 (ERK1/2) im Zusammenhang mit Zellproliferation genauer betrachtet und experimentell manipuliert werden. Bereits bekannt ist, dass sich ERK1/2 in ruhenden Zellen vor allem im Zytoplasma befindet (MURPHY AND BLENIS, 2006). Dort liegt es gebunden an zytoplasmatische Ankerproteine, wie zum Beispiel an die Mitogen-aktivierten Proteinkinasekinasen 1 und 2 (MEK1/2) (FUKUDA et al., 1997) oder an Scaffold-Proteine wie Sef1, Metalloprotease 1 (MP1) und Tubulin vor (TANOUE et al., 2000). MEK1/2 sind Proteinkinasen mit dualer Spezifität, die ERK1/2 an den Aminosäureresten Threonin (Thr) und Tyrosin (Tyr) (Reste 183 und 185 bei ERK2 von Mäusen) im TEY-Motiv in der Aktivierungsschleife phosphorylieren und dadurch aktivieren können (SEGER AND KREBS, 1995). Daraufhin vollzieht ERK1/2 eine starke Konformationsänderung und löst sich von seinen Ankerproteinen (WOLF et al.,

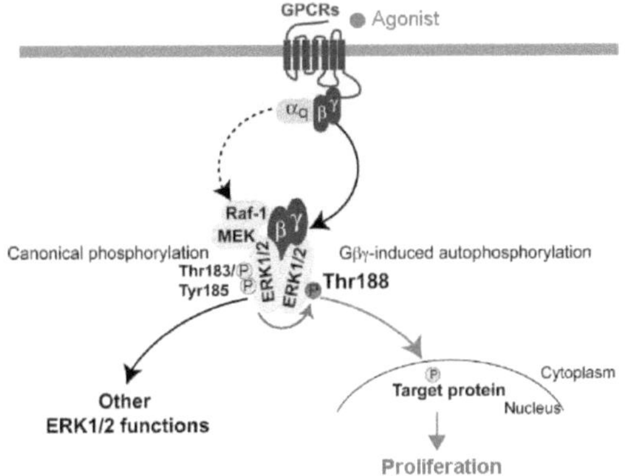

Abbildung 2: Die Raf-MEK1/2-ERK1/2-Kaskade vermittelt Proliferation. Ein Agonist (z. B. Wachstumsfaktor) aktiviert den Gq-Protein-gekoppelten Rezeptor. Dadurch wird die Raf-MEK1/2-ERK1/2-Kaskade aktiviert und ERK1/2 durch MEK1/2 am TEY-Motiv zweifach phosphoryliert. Das so aktivierte ERK1/2 dimerisiert. Eine Gβγ-Untereinheit bindet an das Dimer. Daraufhin autophosphoryliert ERK1/2 an Thr188 und transloziert in den Zellkern. Dort werden Zielproteine phosphoryliert, die für Zellproliferation verantwortlich sind (Modifiziert nach: LORENZ et al., 2009b)

2001). Durch anschließende Dimerisierung von ERK1/2 und Bindung der von G$_q$ abdissoziierten βγ-Untereinheiten sowie Autophosphorylierung von ERK2 an Thr188 (LORENZ *et al.*, 2009a) translozieren etwa 60-70% der ERK-Moleküle in den Nukleus (CHEN *et al.*, 1992). Die phosphorylierte Aktivierungs-schleife von ERK1/2 kann an Importin7 (Imp7) binden, welches dann ERK1/2 durch die Nukleoporine (NUPs) in den Zellkern eskortiert (ZEHORAI *et al.*, 2010). ERK1/2 kann neben dem aktiven Transport als Dimer durch Imp7 auch noch passiv als Monomer in den Kern gelangen. Die passive Diffusion ist jedoch bedeutend langsamer als der aktive Transport. (ADACHI *et al.*, 1999).

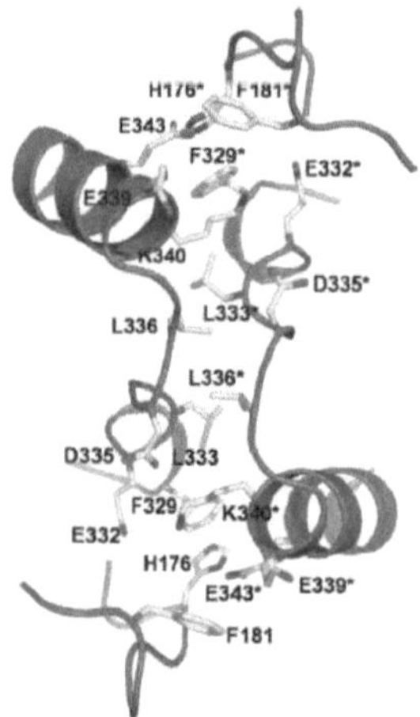

Die Phosphorylierung und darauffolgende Konformationsänderung von ERK2 führen dazu, dass die drei Leucinreste Leu333, Leu336 und Leu344 näher an die Oberfläche des Moleküls gelangen. Der Histidinrest His176 wird dadurch stabilisiert. Zwischen dem Gluta-matrest Glu343 des einen ERK2-Moleküls und His176 eines ERK2-Dimerisierungspartners bilden sich Ionenbindungen aus. Zwischen den Aminosäureresten, die diese beiden Ionenbindungen bilden, liegen 10 weitere Aminosäuren, die eine Dimerisierungsschnitt-stelle formen und durch hydrophobe Wechselwirkungen miteinan-der interagieren. So entsteht ein hydrophober Zipper (COBB AND GOLDSMITH, 2000).

Abbildung 3: Schematische Darstellung der ERK2-Dimerisierungsschnittstelle: In Gelb die Aminosäurereste, die die Schnitt-stelle formen, mit Sternen markierte Reste stammen vom Dimerisierungspartner, zwei Ionenbindungen zwischen H176 und E343 finden sich an beiden Enden eines hydrophoben Zippers (WILSBACHER et al., 2006)

Bei Stimulation durch Wachstumsfaktoren kann ERK2 auf diese Weise Dimere bilden und in den Nukleus translozieren. Das führt zur Phosphorylierung und Aktivierung von ERK1/2-Zielproteinen im Kern wie dem Transkriptionsfaktor E twenty-six-like 1 (Elk-1). Dieser löst die Transkription von Genen aus, die den Übergang des Zellzyklus von der G$_0$/G$_1$-Phase in die S-Phase induzieren. Über diesen Mechanismus beeinflusst ERK1/2 die Proliferation von Zellen (TORII *et al.*, 2006).

3.2 DIE RAF-MEK1/2-ERK1/2-KASKADE IN DER KREBSENTSTEHUNG UND -THERAPIE

Kommt es bei der Raf-MEK1/2-ERK1/2-Signalkaskade zu aktivierenden Mutationen, können maligne Entartungen und Krebs entstehen. In 20-30% aller humanen Krebserkrankungen liegt eine aktivierende Punktmutation des *rat sarcoma*-Proteins (Ras) vor. Am häufigsten ist dabei der Subtyp K-Ras betroffen (TORII *et al.*, 2006). Bei K-Ras handelt es sich um ein kleines G-Protein, das Wachstumsfaktorrezeptoren wie dem EGFR (epidermaler Wachstumsfaktorrezeptor) nachgeschaltet ist und an der Kanzerogenese von 36% der Colorectalkarzinome beteiligt ist (ANDREYEV *et al.*, 1998). K-Ras-Mutationen können zur Aktivierung des MAPK-Signalwegs führen und dadurch Zellproliferation auslösen. Colorectalkarzinome mit dieser Mutation können deshalb nicht effektiv mit dem anti-EGFR chimären monoklonalen Antikörper Cetuximab behandelt werden, da dessen Wirkort in der MAPK-Kaskade oberhalb von K-Ras liegt (LIEVRE *et al.*, 2006). Wegen der großen Häufigkeit von Ras-Mutationen in menschlichen Tumoren galt Ras lange Zeit als vielversprechender Ansatzpunkt für Therapeutika. Doch trotz vieler intensiver Versuche ist es bis heute nicht gelungen einen funktionierenden Ras-Inhibitor auf den Markt zu bringen (SEBOLT-LEOPOLD, 2008).

Auch B-Raf-(*rapidly accelerated fibrosarcoma*)-Mutationen können den Signalweg aktivieren und kommen in circa 7% der humanen Krebserkrankungen, besonders in Melanomen, vor. Eine besonders häufig auftretende aktivierende Mutation ist dabei der Austausch von Valin gegen Glutamat an Position 600 (V600E) (TORII *et al.*, 2006). Der B-Raf-Inhibitor PLX4032 (Vemurafenib) kann selektiv die Proliferation von malignen Melanomzellen, die diese Mutation tragen, inhibieren und in diesen Zellen Apoptose auslösen (LEE *et al.*, 2010). Es konnte außerdem gezeigt werden, dass B-Raf-Mutanten stark von der MEK-Aktivität abhängen, da sie besonders sensitiv auf MEK-Inhibitoren reagieren. Bei V600E-B-Raf-Mutanten kommt es bei Inhibition von MEK zu reduzierter Cyclin-D-Expression und Retinoblastomprotein-(Rb)-Hypophosphorylierung, was Zellzyklusarrest in der G_1-Phase zur Folge hat (SOLIT *et al.*, 2006). Ein MEK-Inhibitor, der bereits klinische Anwendung bei Melanomen mit V600E- oder V600K-Mutationen (Substitution von Valin 600 durch Lysin) findet, ist zum Beispiel Trametinib (FLAHERTY *et al.*, 2012). Allerdings wurde beobachtet, dass gegen diesen Inhibitor, wie auch gegen Vemurafenib, nach einigen Monaten der Therapie Resistenzen entstehen (SOLIT AND ROSEN, 2011).

Zur Inhibierung von MEK1/2 *in vitro* wurde in den hier beschriebenen Versuchen der synthetische MEK-Inhibitor PD98059 [2-(2'-Amino-3'-methylphenyl)-Oxanaphthalen-4-on] von Calbiochem verwendet. Dieser hemmt selektiv MEK1 und 2 und verhindert so die Aktivierung und Phosphorylierung von ERK1/2 und die darauffolgende Phosphorylierung von ERK1/2-Zielproteinen. Auf diese Weise kann das Wachstum von Zellen in Kultur inhibiert werden. Der Effekt von PD98059 auf die Zellen ist reversibel. Wenn der Wirkstoff aus dem Zellkulturmedium entfernt wird, wird der wachstumshemmende Effekt auf die Zellen rasch aufgehoben (DUDLEY *et al.*, 1995). Außerdem konnte bereits gezeigt werden, dass PD98059 unter anderem in Kardiomyozyten von neugeborenen Ratten Apoptose auslöst (RUPPERT *et al.*, 2013).

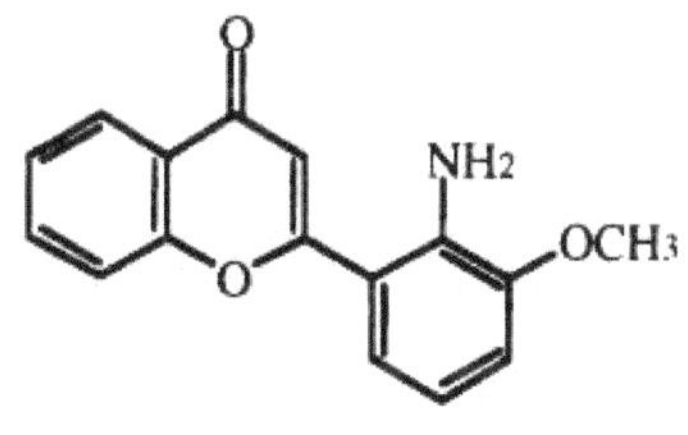

Abbildung 4: Strukturformel des MEK-Inhibitors PD98059 (DUDLEY et al., 1995)

3.3 FRAGESTELLUNG

Wegen der Resistenzentwicklung gegen B-Raf- und MEK-Inhibitoren, vor allem in Melanompatienten (SOLIT AND ROSEN, 2011), verlagerte sich das Interesse in der aktuellen Forschung zunehmend auf die MAP-Kinasen ERK1/2. Es konnte bereits gezeigt werden, dass Interferenz mit der Thr188-Phosphory-lierung von ERK1/2 durch Hemmung der Dimerisierung von ERK1/2 selektiv eine pathologische Hyper-trophie des Herzens in Mäusen inhibiert, während die anti-apoptotischen Effekte von ERK1/2 in diesem Gewebe erhalten bleiben (RUPPERT *et al.*, 2013). Der Mechanismus der Dimerisierungs-hemmung soll in den hier beschriebenen Versuchen nun auf Krebszellen aus humanen Colon-Adeno-karzinomen übertragen werden. Ziel der Versuche ist es nachzuweisen, ob eine Inhibition der ERK1/2-Dimerisierung das entartete Wachstum der Krebszellen selektiv hemmen kann. Dazu wurde ein in der AG Lorenz bereits vorhandenes Adenovirus verwendet, das die Colon-Karzinomzellen mit einem Plas-mid transduziert, auf dem das Gen für ein kurzes Peptid liegt. Dieses Peptid besteht aus der C-terminalen Sequenz des ERK2-Gens, die die Aminosäuren des hydrophoben Zippers enthält, und einem N-terminalen myc-*tag* (myc-ERK2$^{309\text{-}357}$). Das myc-ERK2$^{309\text{-}357}$-Peptid verhindert die Dimerisie-rung ERK1/2 und die Expression von proliferations-assoziierten ERK1/2-Zielgenen. Vermutlich ist dies dadurch möglich, dass es an die ERK-ERK-Interaktionsstelle bindet und so die Dimerisierung und Translokation in den Nukleus verhindert.

Abbildung 5: Aminosäuresequenz des myc-ERK2$^{309\text{-}357}$-Peptids: Bestehend aus N-terminalem myc-tag und C-terminalem ERK2-Dimerisierungs-Interface

Die Dimerisierung von ERK könnte neue Strategien zur Behandlung von proliferationsabhängigen Krankheiten wie Krebs offen legen. In dieser Arbeit werden drei verschiedene humane Colon-Adeno-karzinom-Zelllinien untersucht, die entweder aktivierende Mutationen in K-Ras oder B-Raf tragen oder K-Ras^{wt} sind. Durch Transduktion mit dem myc-ERK2$^{309\text{-}357}$-Peptidvirus soll die Dimerisierung und nukleäre Translokation von ERK1/2 und damit die Proliferation der Krebszellen gehemmt werden, ohne dass dabei die ERK1/2-Aktivität unterbunden wird. Zur Messung der Proliferationshemmung diente der Tritium-Thymidin-Inkorporations-Assay. Zur Überprüfung der Kinaseaktivität von ERK1/2 nach Behandlung der Zellen mit dem myc-ERK2$^{309\text{-}357}$-Peptidvirus oder mit dem MEK-Inhibitor PD98059 werden Western-Blot-Versuche durchgeführt. Um die Apoptoserate der transduzierten Zellen zu be-stimmen, wurde die Caspase-Aktivität mit einem lumineszenz-basierten Assay gemessen. Letzterer Versuch konnte aus Zeitgründen nur einmal durchgeführt werden, weswegen die Ergebnisse vorläufig sind.

4 MATERIAL UND METHODEN

4.1 VERBRAUCHSMATERIALIEN

Nitril-Handschuhe (Medline), Parafilm (Bemis), Pipettenspitzen (Gilson), *safe-lock* Reaktionsgefäße 1.5ml/2ml (eppendorf), Reaktionsgefäße 1.5ml (Roth), Zellkulturschalen (Sarstedt), Multiwellschalen (Sarstedt), Einmal-Pasteurpipetten Kunststoff (Hartenstein).

4.2 ZELLEN UND ZELLKULTUR

Die Versuche wurden an drei verschiedenen Colon-Adenokarzinom-Zelllinien durchgeführt: Colo 320, LS174T und HT29. Bei LS174T handelt es sich um eine K-Ras$^+$-Mutante. HT29 sind B-Raf$^+$ und Colo320 exprimieren wildtypisches K-Ras. Alle Zelllinien wurden auf 15cm-Kulturschalen (Sarstedt) bei 37°C und 5% CO_2 gehalten. Colo320 und LS174T in RPMI 1640 (Gibco Life Technologies) + 0,001% Penicillin Streptomycin (10000 Units/ml Penicillin, 10000µg/ml Streptomycin, Gibco Life Technologies) + 0,001% L-Glutamin (200mM, PAN Biotech) + 10% fetales bovines Serum (FBS, Biochrom AG), HT29 in McCoy's 5A (Gibco Life Technologies) + 0,001% Penicillin Streptomycin (10 000 Units/ml Penicillin, 10000µg/ml Streptomycin, Gibco Life Technologies) + 0,001% L-Glutamin (200mM, PAN Biotech) + 10% FBS (Biochrom AG). Die Zellen wurden zweimal in der Woche passagiert und circa 1:6 aufgeteilt. LS174T und HT29 wurden dafür einmal mit DPBS (Dulbecco's Phophate-Buffered Saline - Calcium- und Magnesiumfrei - Gibco Life Technologies) gewaschen und dann mit Trypsin/EDTA (PAN Biotech) abgelöst und in frischem Medium aufgenommen. Colo320 konnten durch Auf- und Abpipettieren in Suspension genommen werden. Für die Aussaat der Zellen wurde dann die Zellzahl pro Milliliter in der Zellsuspension bestimmt. Dafür wurde eine Neubauer-Zählkammer verwendet. Durch Verdünnung mit Zellkulturmedium konnte die Zellzahl dann auf den gewünschten Wert eingestellt werden.

POLY-D-LYSIN

Bevor die Zellen in 12- und 24-*well*-Platten (Sarstedt) ausgesät werden konnten, wurden die Platten mit Poly-D-Lysin (PDL) beschichtet. Dieses sorgt dafür, dass die Zellen stärker adhärieren können, indem es auf dem *well*-Boden eine kationische Oberfläche schafft, an die die anionische Zelloberfläche fest binden kann. Durch die starke Anheftung können die Zellen bequem und einfach experimentell manipuliert werden, ohne dass sie sich dabei wieder ablösen. Da natürlicherweise nur Poly-L-Lysin vorkommt, kann PDL enzymatisch auch nicht abgebaut werden (MAZIA *et al.*, 1975).

Das Poly-D-Lysin der Firma Sigma wurde 1:150 in DPBS verdünnt. Dann wurde der Boden eines jeden *wells* mit dieser PDL-Lösung bedeckt. Da die Lösung lichtempfindlich ist, blieb die Beleuchtung der Sterilbank dabei ausgeschaltet. Nach etwa 20 Minuten Inkubation bei Raumtemperatur konnte das

PDL zurück in die Flasche gefüllt werden. Die *well*-Böden wurden dann mit DPBS überschichtet und die Platten bis zur Verwendung bei 4°C gelagert.

4.3 WESTERN BLOT

Von jeder Zelllinie wurden 30000 Zellen pro *well* in einer PDL-beschichteten 12-*well*-Platte ausgesät. Die Transduktion mit *lacZ*- beziehungsweise Peptid-Virus erfolgte mit verschiedenen Mengen des Transduktionsansatzes (2,5µl Virus in 1ml Medium) von 50µl bis 200µl. Außerdem wurden zwei Proben mit dem MEK-Inhibitor PD98059 von Calbiochem (Endkonzentration 30µM) für eine beziehungsweise vier Stunden inkubiert. Dieser Inhibitor dient als Positivkontrolle der Phosphorylierungshemmung von ERK1/2. Nach 48h Inkubation mit dem Virus erfolgte die Lyse (s. Anhang A: Lysepuffer für Western Blot) aller behandelten Proben sowie einer unbehandelten Negativkontrolle. Nach 20 Minuten Inkubation mit dem Lysepuffer bei 4°C konnten die Lysate zum Aufschluss der Zellmembranen sonifiziert werden (Bandelin Sonoplus HD200, Einstellungen: Power MS73/D, Cycle 30%. 5 Impulse pro Probe). Die Auftrennung der Proben erfolgte dann mittels SDS-Polyacrylamid-Gel-elektrophorese (SDS-PAGE) in 12,5%igem Acrylamidgel. Als Marker diente der Peq Gold Protein Marker III von Peqlab (s. Abb. 6). Mittels *Wet Transfer* Western Blot wurde der Teil des Gels zwischen der 35kDa und der 50kDa Bande auf Polyvinylidenfluorid-(PVDF)-Membran (Immobilon-P von Merck Millipore, Porengröße 0,45 µm) übertragen. In diesem Bereich laufen die Banden für ERK1 (44kDa), ERK2 (42kDa) und β-Actin (42kDa). Für die Herstellung der Acrylamidgele, für die SDS-PAGE sowie für den Western Blot wurde das BioRAD Mini-Protean Tetra-System verwendet.

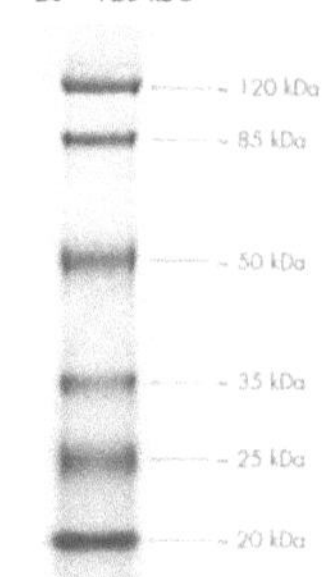

Abbildung 6: Markerleiter des Peq Gold Protein Markers III von Peqlab bei 8-16% SDS-PAGEs (online bei VWR International GmbH, Stand: 15.06.2015)

Die geblotteten Membranen wurden dann für 1h in Blockmilch (s. Anhang A) geblockt und dann mit bovinem Serum Albumin (BSA, s. Anhang A) gewaschen. Die Inkubation mit einem Primärantikörper erfolgte bei 4°C über Nacht. Am nächsten Tag wurden die Membranen nach erneutem Waschen mit BSA für 1h bei Raumtemperatur mit Sekundärantikörper inkubiert und danach wiederum mit BSA gewaschen. Die Blots wurden mit Luminol-Mix (s. Anhang A) entwickelt. Die Detektion erfolgte entweder mit dem ImageQuant LAS 4000 von GE Healthcare oder im Fotolabor mit Röntgenfilmen (FUJI Super RX Medical X-Ray Film 100 NIF 18x24).

Um die Membranen mit einem neuen Antikörper untersuchen zu können, wurden die Antikörper durch zweistündige Inkubation mit Stripping-Puffer (s. Anhang A) abgelöst, die Membranen erneut geblockt, mit BSA gewaschen und dann mit einem anderen Primärantikörper inkubiert. Die weiteren Schritte erfolgten dann wie bereits beschrieben.

Für die Western-Blot-Experimente wurden folgende Antikörper verwendet: p44/42 MAPK (ERK1/2) und phospho-p44/42 MAPK (ERK1/2) (Thr202/Tyr204), beide von Cell Signaling (*rabbit*, je 1:1000 in BSA), β-Actin von Sigma-Aldrich (*mouse*, 1:10000 in BSA). Alle Primärantikörper enthalten für eine längere Haltbarkeit zusätzlich 0,05% wässrige Natriumazidlösung. Als Sekundärantikörper dienten die Peroxidase-gekoppelten *goat-anti-mouse* und *goat-anti-rabbit* (je 1:10000 in BSA) von Dianova.

4.4 [^{3}H]-Thymidin-Inkorporations-Assay

[^{3}H]-METHYL-THYMIDIN

Das [^{3}H]-Methyl-Thymidin-Präparat (6,7 Ci/mmol, in wässriger Lösung) des Herstellers PerkinElmer wurde 1:1000 in Medium verdünnt eingesetzt. Dieses Präparat baut sich nur in die replizierte DNA und nicht in RNA ein und kann so zur Ermittlung der Proliferation genutzt werden (PerkinElmer1).

SZINTILLATIONSMIX

Als Flüssig-Szintillationsmix wurde der IRGA-SAFE PLUS LSC-Cocktail von PerkinElmer eingesetzt. Szintillationscocktails wie dieser enthalten meist ein Detergens, um aus der wässrigen Probe und den aromatischen Lösungsstoffen eine Emulsion zu formen. Die π-Elektronen der Aromaten übertragen die Energie des radioaktiven Zerfalls auf den Szintillator, welcher dadurch angeregt wird und Photonen emittiert. Diese Emission kann dann durch einen Photomultiplier detektiert werden (Thomson, 2013). Durch die Vermischung der Probe mit dem Szintillationsmix kommen Isotop und Szintillator in sehr engen Kontakt, deshalb eignet sich die Methode besonders für Niedrig-Energie-β-Strahler wie Tritium (PerkinElmer2). In den meisten Szintillationscocktails kommen primäre und sekundäre Szintillatoren zum Einsatz. Die sekundären Szintillatormoleküle erhöhen die *Counting*-Effizienz, indem sie die Fluoreszenz der primären Szintillatoren absorbieren und anschließend längerwellige Photonen emittieren (PerkinElmer2). Die *Counting*-Effizienz für Tritium liegt unter optimalen Bedingungen bei 30% (Leschinger, 2007).

[^{3}H]-THYMIDIN-INKORPORATIONS-ASSAY

Tritium [^{3}H] ist ein radioaktives Wasserstoffisotop, das neben einem Proton noch zwei Neutronen im Kern enthält. Es hat eine Halbwertszeit von 12,3 Jahren. Aus dem β-Strahler Tritium entsteht durch Emission eines β⁻-Partikels und eines Antineutrinos [^{3}He] (ISU, 2011). Da die von Tritium emittierte β-Strahlung nur eine geringe Energie von circa 18 keV (Taylor *et al.*, 1957) und dadurch auch nur eine geringe Reichweite von wenigen Zentimetern in Luft hat, besteht beim Umgang mit diesem Isotop eine Gefährdung für den Menschen hauptsächlich im Falle einer Inkorporation (Leschinger, 2007).

Dennoch sollten bei Arbeiten mit radioaktiven Stoffen stets angemessene Schutzkleidung, Handschuhe und ein Dosimeter getragen werden.

Beim [^{3}H]-Thymidin-Inkorporations-Assay handelt es sich um eine Methode zur Bestimmung der DNA-Synthese und Zellproliferation. Es wird dabei gemessen, wie viel des radionuklid-markierten DNA-Bausteins [^{3}H]-Thymidin in die Zelle aufgenommen und in neu-synthetisierte DNA-Stränge eingebaut wird. Die mittels Szintillations-β-Counter gemessene Aktivität ist proportional zur Anzahl proliferierender Zellen. Der Einsatz von Thymidin zeigt einige vorteilhafte Charakteristika: Zum einen ist die Einbaurate von Thymidin in die DNA unabhängig von seiner Konzentration und zum anderen nicht durch die Transportrate in die Zelle beschränkt (KAPLAN *et al.*, 1992).

Von jeder Zelllinie werden 15000 Zellen pro *well* in einer mit PDL beschichteten 24-*well*-Platte ausgesät. Die Transduktion mit *lacZ*- beziehungsweise Peptid-Virus erfolgt mit verschiedenen Mengen des Transduktionsansatzes (2,5μl Virus in 1ml Medium) von 25μl bis 100μl. Die Zellen werden nach 48h Inkubation mit den Viren für weitere 4h mit [^{3}H]-Methyl-Thymidin-haltigem Medium (1:1000) inkubiert. Nach zweimaligem Waschen mit PBS (s. Anhang A) erfolgt die Präzipitation der ungebundenen Radioaktivität mit TCA über Nacht bei 4°C. Am Folgetag werden die Zellen durch einstündige Inkubation mit 0,5M NaOH lysiert (HÄRKÖNEN *et al.*, 2001) und jedes Lysat einzeln in einem Polyethylen-Messröhrchen mit dem Szintillationsmix vermischt. Nach einer weiteren Stunde bei Raumtemperatur kann die Aktivitätsmessung gestartet werden. Alle Proben werden nacheinander je 5 Minuten lang im Liquid Scintillation Analyzer Tri-Carb 2910 TR von PerkinElmer gemessen.

4.5 CASPASE-AKTIVITÄTSMESSUNG

Von jeder Zelllinie werden 75000 Zellen pro *well* in einer mit PDL beschichteten 12-*well*-Platte ausgesät. Die Transduktion mit *lacZ*- beziehungsweise Peptid-Virus erfolgt mit verschiedenen Mengen des Transduktionsansatzes (2,5μl Virus in 1ml Medium) von 50μl bis 200μl. Außerdem wird eine Probe mit dem MEK-Inhibitor PD98059 von Calbiochem (Endkonzentration 30μM) für vier Stunden inkubiert. Dieser Inhibitor dient als Positivkontrolle, da bekannt ist, dass er in primären Blasten der akuten myeloischen Leukämie (LUNGHI *et al.*, 2003) sowie in Kardiomyozyten neugeborener Ratten Apoptose auslöst (RUPPERT *et al.*, 2013). Nach 48h Inkubation mit dem Virus erfolgt die Lyse (s. Anhang A: Lysepuffer für Caspase-Nachweis) aller behandelten Proben, sowie einer unbehandelten Negativkontrolle zur späteren Bestimmung der basalen Caspase-Aktivität in den Zellen. Die Lysate werden sonifiziert (Sonifizierung siehe Western Blot). Durch Zentrifugation (Hettich Zentrifuge EBA 12R, 10min, 14 000 rpm, 4°C) wird der Zelldebris abgetrennt. Der Überstand wird abgenommen. Darin befindet sich die zytosolische Fraktion mit den zu untersuchenden Proteinen. Mithilfe des Pierce BCA Protein Assay Kit von Thermo Scientific wird die Proteinkonzentration aller Lysate bestimmt und auf die kleinste Konzentration aller Proben eingestellt.

Für den Nachweis der Caspase-Aktivität wurde der Caspase-Glo 3/7 Assay mit dem gleichnamigen Kit von Promega durchgeführt. Die Enzyme der Caspase-Familie (Caspase = Cystein-Aspartat-spezifische Protease) spielen eine wichtige Rolle in der Apoptose von Säugerzellen. Ihre Aktivierung verläuft kaskadenartig von Initiator- zu Effektorcaspasen und führt schließlich zur DNA-Fragmentierung und dem programmierten Zelltod. Der Reaktionsmix des Caspase-Glo 3/7 Kits von Promega enthält ein prolumineszentes Substrat, das eine DEVD-Peptidsequenz enthält. Diese dient als Erkennungssequenz für die Effektorcaspasen 3 und 7, welche das Substrat spalten. Dabei entsteht Aminoluciferin, ein Substrat für Luciferase. Durch die dann folgende Luciferase-Reaktion entsteht ein Lumineszenzsignal, das proportional zur Caspaseaktivität ist (LIU *et al.*, 2004). Die Caspaseaktivität lässt auf die Apoptoserate schließen.

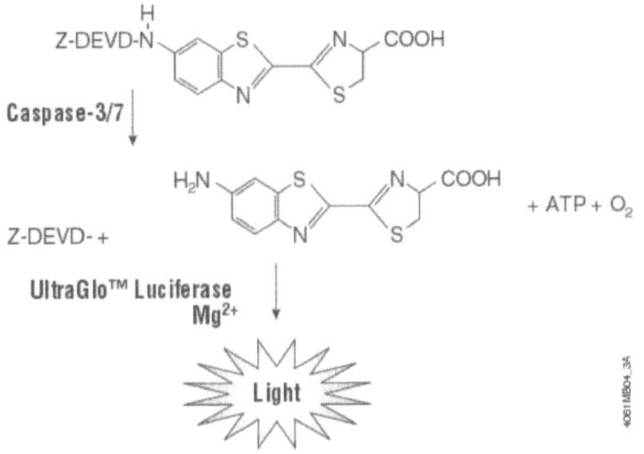

Abbildung 7: Reaktionen im Caspase Glo 3/7 Assay: Spaltung des luminogenen Substrats durch die Caspasen 3/7 an der DEVD-Sequenz. Die darauffolgende Freisetzung des Luciferasesubstrats Aminoluciferin und die Luciferasereaktion führen zur Lichtproduktion. (Promega Technical Bulletin)

Der Versuch wurde abweichend vom Standard-Protokoll des Caspase-Glo 3/7 Kits von Promega durchgeführt. Zelllysate und Reaktionsmix werden 1:1 in einer weißen 96-*well*-Platte (Thermo Scientific) gemischt. Dabei wurde darauf geachtet, dass die verwendeten *wells* nicht direkt nebeneinander liegen. Außerdem wurden die am Rand der Platte liegenden *wells* ausgespart. Um die Hintergrundlumineszenz zu bestimmen, wurde in ein weiteres *well* bidestilliertes Wasser (ddH₂O) mit Reaktionsmix (1:1) gegeben. Nach einstündiger Inkubation bei Raumtemperatur konnte die Lumineszenz der Proben bei 700nm mit dem Wallac EnVision 2104 Multilabel Reader von PerkinElmer gemessen werden (Optical Module: Luminescence 404). Dabei erfolgte die Messung jedes *wells* in Triplikaten. Die Triplikate werden anschließend gemittelt und mithilfe von Microsoft Excel 2013 in Balkendiagrammen aufgetragen.

4.6 STATISTIK

Die statistische Auswertung des Tritium-Thymidin-Inkorporations-Assays erfolgt mit dem Programm Graph Pad Prism Version 4.00 (Modus: *Two grouping variables*). Die ermittelten *counts per minute* jedes Triplikats werden gemittelt und gegen den *lacZ*-25-Wert des jeweiligen Versuchstags normiert. Die Werte werden mithilfe des Two-Way ANOVA Tests analysiert (Parameter: *no matching*, mit Bonferroni post-hoc-tests).

Für die Quantifizierung wurden nur die Western Blots der LS174T- und der HT29-Zellen mit 50µl des Transduktionsansatzes herangezogen. Die Auswertung erfolgte mit dem Programm ImageJ 1.49m. Die damit berechneten Werte wurden mit Graph Pad Prism Version 4.00 (Modus: One grouping variable) statistisch ausgewertet. Dafür wurden die Werte einer jeden Bedingung gegen die entsprechenden ERK-Werte und anschließend noch gegen *lacZ* 50 des jeweiligen Versuchstags normiert. Die Analyse der Daten erfolgte mithilfe des One-Way-ANOVA Tests (Post-test: Bonferroni's Multiple Comparison Test).

Sowohl beim Tritium-Thymidin-Inkorporations-Assay als auch bei der Quantifizierung der Western Blots galt ein Ergebnis ab einem P-Wert<0,05 als signifikant.

5 ERGEBNISSE

5.1 DAS MYC-ERK2$^{309\text{-}357}$-PEPTID KANN DIE PROLIFERATION DER COLON-KARZINOMZELLEN INHIBIEREN

Um den Einfluss des myc-ERK2$^{309\text{-}357}$-Peptids auf die Proliferation zu bestimmen, wurden drei Colon-Karzinom-Zelllinien mit unterschiedlichem Mutationsmuster verwendet. HT29 tragen eine aktivierende Mutation im B-Raf-Gen (BENLLOCH *et al.*, 2006), bei LS174T ist das K-Ras-Gen mutiert (CAROTENUTO *et al.*, 2012) und Colo320 exprimieren wildtypisches K-Ras (KHAN *et al.*, 2014). Die Zellen werden entweder mit dem *lacZ*-Plasmid oder mit dem myc-ERK2$^{309\text{-}357}$-Peptid-Gen in verschiedenen Konzentrationsstufen transduziert. Das *lacZ*-Gen codiert für das Enzym β-Galaktosidase, welches zum Beispiel für den Laktoseabbau benötigt wird. Mit dieser Kontrolle soll überprüft werden, ob die virale Transduktionsmethode zytotoxische Auswirkungen auf die Zellen hat. Die Expression des *lacZ*-Gens sollte die Proliferation der Zellen nicht beeinflussen.

Aufgrund von Befunden in Cos7-Zellen, die zeigten, dass das myc- ERK2$^{309\text{-}357}$-Peptid die nukleäre Translokation von ERK1/2 nach Stimulation hemmen kann (Daten Angela Tomasovic), stellte sich die Frage der Übertragbarkeit dieser Effekte auf Colon-Karzinomzellen. Das myc-ERK2$^{309\text{-}357}$-Peptid sollte durch Hemmung der ERK-Dimerisierung und der anschließenden nukleären Translokation in der Lage sein, die Proliferationsrate dieser Zellen herab zu setzen. Zur Messung der Proliferation wurde ein Thymidin-Inkorporations-Assay durchgeführt.

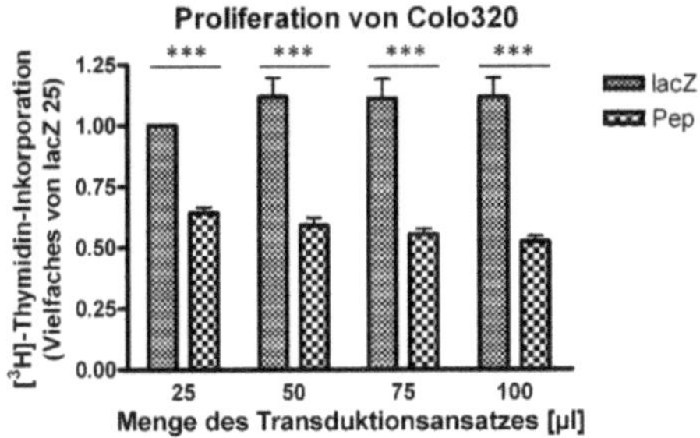

*Abbildung 8: Proliferation der Colo320-Zellen: Tritium-Thymidin-Inkorporation normiert gegen den lacZ-25-Wert (Probe mit 25µl des lacZ-Transduktionsansatzes) bei verschiedenen Mengen der adenoviralen Transduktionsansätze (lacZ oder myc-ERK2$^{309\text{-}357}$-Peptid=Pep) von 25µl bis 100µl; alle markierten Ergebnisse sind signifikant *** P<0,001; n=4*

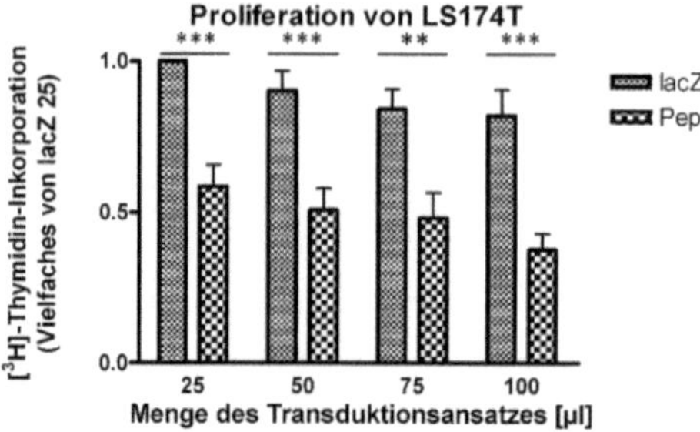

*Abbildung 9: Proliferation der LS174T-Zellen: Tritium Thymidin Inkorporation normiert gegen den lacZ-25-Wert (Probe mit 25µl des lacZ-Transduktionsansatzes) bei verschiedenen Mengen der adenoviralen Transduktionsansätze (lacZ oder myc-ERK2³⁰⁹⁻³⁵⁷-Peptid=Pep) von 25µl bis 100µl; alle markierten Ergebnisse sind signifikant *** P<0,001 **P<0,01; n=4-5*

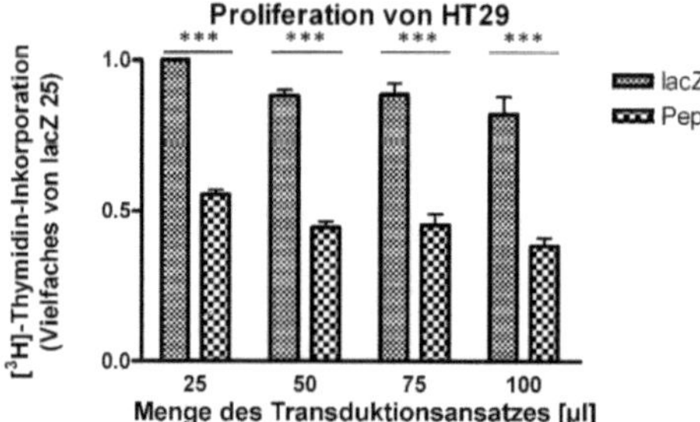

*Abbildung 10: Proliferation der HT29-Zellen: Tritium-Thymidin-Inkorporation normiert gegen den lacZ-25-Wert (Probe mit 25µl des lacZ-Transduktionsansatzes) bei verschiedenen Mengen der adenoviralen Transduktionsansätze (lacZ oder myc-ERK2³⁰⁹⁻³⁵⁷-Peptid=Pep) von 25µl bis 100µl; alle markierten Ergebnisse sind signifikant *** P<0,001; n=5*

Für die statistische Auswertung wurden die Versuche mit allen Zelllinien vier- bis fünfmal wiederholt. Alle Ergebnisse zeigen eine signifikante Inhibierung der Proliferation der myc-ERK2³⁰⁹⁻³⁵⁷-Peptid-transduzierten Colon-Karzinom-Zelllinien im Vergleich zu *lacZ*-transduzierten Kontrollzellen. Alle *P*-Werte liegen unter 0,01, die meisten sogar unter 0,001. Die Resultate zeigen, dass das myc-ERK2³⁰⁹⁻³⁵⁷-Peptid in der Lage ist, die Proliferation der hier verwendeten Krebszelllinen *in vitro* zu hemmen. Da durch das myc-ERK2³⁰⁹⁻³⁵⁷-Peptid die Dimerisierung von ERK1/2 unterbunden wird, kann ERK1/2 vermutlich nicht mehr in den Kern translozieren und dort die Expression von Genen, die für Proliferation verantwortlich sind, aktivieren. In neonatalen Rattenkardiomyozyten konnte bereits eine Hemmung der Hypertrophie durch das myc-ERK2³⁰⁹⁻³⁵⁷-Peptid erzielt werden. Außerdem wurde gezeigt, dass durch das myc-ERK2³⁰⁹⁻³⁵⁷-Peptid die Aktivierung von nukleären ERK1/2-Zielproteinen geringer wird, während zytosolische Effekte unbeeinflusst blieben. In Cos-Zellen konnte zudem nachgewiesen werden, dass das myc-ERK2³⁰⁹⁻³⁵⁷-Peptid die nukleäre Translokation von ERK1/2 hemmt (Daten von Angela Tomasovic). Zusammen mit diesen Erkenntnissen lässt sich schließen, dass der

Dimerisierungsprozess von ERK1/2 ein geeigneter Angriffspunkt zur Hemmung nukleärer ERK1/2-Effekte ist und die Wirkung des myc-ERK2$^{309-357}$-Peptids auch auf Colon-Karzinomzellen übertragbar ist. Der genaue Wirkmechanismus muss allerdings noch geklärt werden. Langfristig soll dann die Proliferationshemmung auch durch *in vivo* Versuchen untersucht werden.

5.2 Das myc-ERK2$^{309-357}$-Peptid beeinflusst die Aktivität von ERK1/2 nicht

ERK1/2 vermittelt im Nukleus Effekte wie beispielsweise Zellproliferation. Außerdem ist die ERK1/2-Aktivität wichtig für das Zellüberleben. Beide Vorgänge erfordern eine Phosphorylierung und Aktivierung von ERK1/2 durch MEK1/2 an Tyrosin- und Threoninresten im sogenannten ERK1/2-TEY-Motiv (SEGER AND KREBS, 1995). Durch Western Blot Versuche sollte geklärt werden, ob die Transduktion der Colon-Karzinomzellen mit dem myc-ERK2$^{309-357}$-Peptid Einfluss auf die Phosphorylierung und Aktivierung durch MEK1/2 und damit auf die ERK1/2-Aktivität hat. Dazu wurden die Colon-Karzinomzellen mit dem *lacZ*-Gen oder mit dem myc-ERK2$^{309-357}$-Peptid transduziert. Das *lacZ*-Gen codiert für das Enzym β-Galaktosidase. Mit dieser Kontrolle soll überprüft werden, ob die virale Transduktionsmethode zytotoxische Auswirkungen auf die Zellen hat. Die Expression des Enzyms sollte die Phosphorylierung und Aktivierung von ERK1/2 nicht beeinflussen. Als Positivkontrolle der Phosphorylierungshemmung von ERK1/2 wurde der synthetische MEK-Inhibitor PD98059 verwendet. Dieser hemmt selektiv MEK und verhindert so die Phosphorylierung und Aktivierung von ERK1/2. Um die Wirkung des MEK-Inhibitors zu zwei verschiedenen Zeitpunkten zu bestimmen, wurden die Zellen sowohl für eine Stunde als auch für vier Stunden mit dem MEK-Inhibitor inkubiert. Außerdem wurde eine unbehandelte Probe als Negativkontrolle (non) verwendet.

Die Western Blot Versuche wurden fünfmal wiederholt. Die abgebildeten Blots wurden als repräsentative Beispiele ausgewählt. Der Nachweis von pERK in Colo320 war nicht möglich. Als Ladekontrolle wurde auf allen Membranen nach Lösen der phospho-ERK - beziehungsweise ERK1/2-Antikörper auch noch β-Actin detektiert (nicht abgebildet).

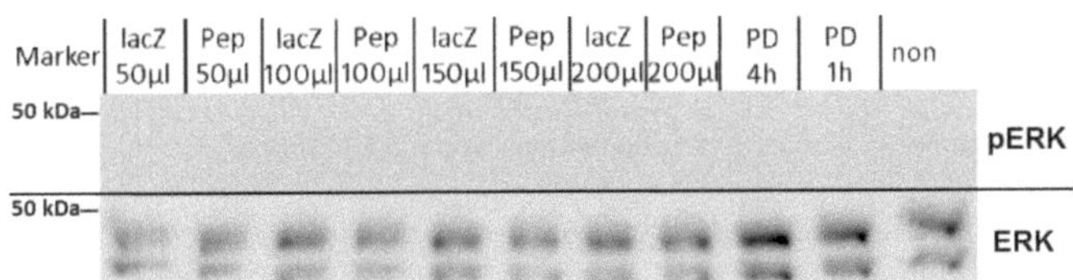

Abbildung 11: Western Blot der Colo320-Proben mit TEY-pERK-Antikörper (oben) und ERK1/2-Antikörper (unten). Die Detektion von pERK in Colo320 war nicht möglich. Darüber: Art (lacZ oder myc-ERK2$^{309-357}$-Peptid=Pep) und Menge (50µl bis 200µl) des jeweiligen Transduktionsansatzes, oder MEK-Inhibitor PD98059 für 4h (PD 4h) oder 1h (PD 1h), sowie eine unbehandelte Negativkontrolle (non); links die 50kDa-Bande des Markers eingezeichnet. Repräsentativ für n=5

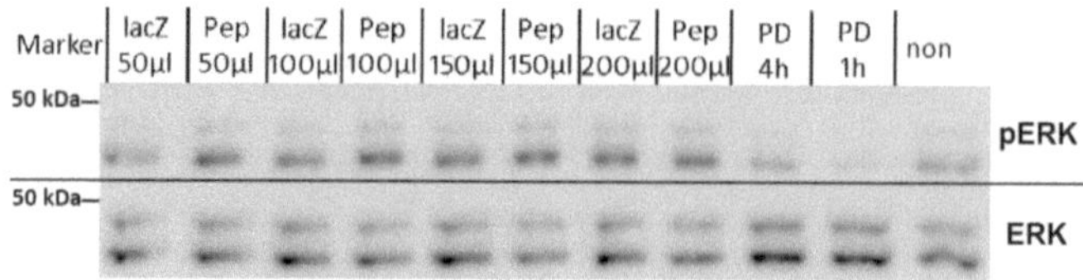

Abbildung 12: Western Blot der LS174T-Proben mit TEY-pERK-Antikörper (oben) und ERK1/2-Antikörper (unten); darüber: Art (lacZ oder myc-ERK2$^{309-357}$-Peptid=Pep) und Menge (50µl bis 200µl) des jeweiligen Transduktionsansatzes, oder MEK-Inhibitor PD98059 für 4h (PD 4h) oder 1h (PD 1h), sowie eine unbehandelte Negativkontrolle (non); links jeweils die 50kDa-Bande des Markers eingezeichnet. Repräsentativ für n=5

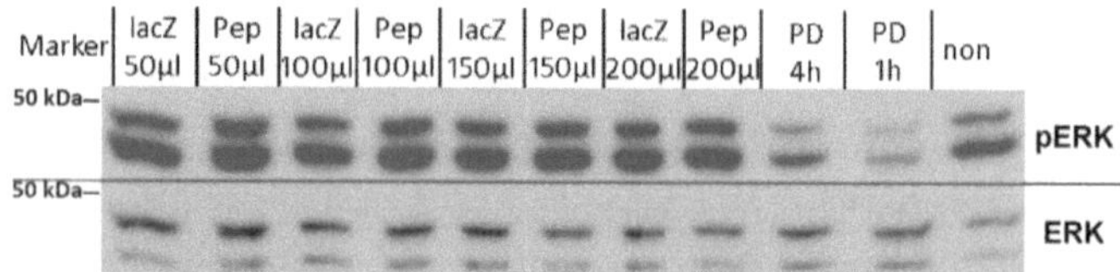

Abbildung 13: Western Blot der HT29-Proben mit TEY-pERK-Antikörper (oben) und ERK1/2-Antikörper (unten); darüber: Art (lacZ oder myc-ERK2$^{309-357}$-Peptid=Pep) und Menge (50µl bis 200µl) des jeweiligen Transduktionsansatzes, oder MEK-Inhibitor PD98059 für 4h (PD 4h) oder 1h (PD 1h), sowie eine unbehandelte Negativkontrolle (non); links jeweils die 50kDa-Bande des Markers eingezeichnet. Repräsentativ für n=5

Bei den mit pERK-Antikörper inkubierten Membranen fällt auf, dass die Signale in den PD98059-Proben schwächer sind, als die übrigen. Das liegt daran, dass der MEK-Inhibitor erfolgreich die Phosphorylierung und Aktivierung von ERK1/2 verhindern konnte. Bei der folgenden Quantifizierung der Western Blots ist kein signifikanter Unterschied zwischen den für vier beziehungsweise eine Stunde behandelten PD98059-Proben erkennbar (nicht abgebildet). Zwischen den Signalen der Negativkontrollen (non) und den mit myc-ERK2$^{309-357}$-Peptid-Virus behandelten Proben ist kein signifikanter Unterschied zu erkennen. Daraus lässt sich folgern, dass das myc-ERK2$^{309-357}$-Peptid keinen Einfluss auf die Phosphorylierung des TEY-Motivs von ERK1/2 hat. Die Kinaseaktivität von ERK1/2 bleibt demnach unbeeinflusst durch das myc-ERK2$^{309-357}$-Peptid. Vermutlich werden dadurch auch anti-apoptotische Effekte nicht beeinflusst. Außerdem ist kein Unterschied zwischen den Negativkontrollen und den mit *lacZ*-Virus behandelten Proben erkennbar. Daraus lässt sich schließen, dass die adenovirale Transduktionsmethode keine Auswirkung auf die Phosphorylierung und Aktivierung von ERK1/2 hat.

Die Aufnahmen, die von Membranen mit ERK1/2-Antikörper stammen, zeigen weitgehend gleichmäßig starke Signale. Demnach wird die ERK1/2-Expression weder durch den MEK-Inhibitor PD98059 noch vom myc-ERK2$^{309-357}$-Peptid beeinflusst.

Bei der lacZ-50µl-Probe auf der pERK-Membran von LS174T und der ERK1/2-Negativkontrolle von HT29 ist ein geringer Abfall der Signalstärke zu erkennen. In der folgenden Quantifizierung ist jedoch kein signifikanter Unterschied zu den übrigen virus-transduzierten Proben der jeweiligen Membranen erkennbar.

Um die oben beschriebenen Erkenntnisse zu validieren, wurden die Western Blots der Zelllinien LS174T und HT29 quantifiziert. Dafür wurden die pERK-Werte einer jeden Bedingung gegen den entsprechenden ERK-Wert und anschließend noch gegen *lacZ* 50 des jeweiligen Versuchstags normiert. Colo320 konnte aufgrund des fehlenden pERK-Signals nicht quantifiziert werden. Hier abgebildet (Abb. 14 und 15) sind nur die Quantifizierungsergebnisse der mit 50µl Transduktionsansatz behandelten Zellen.

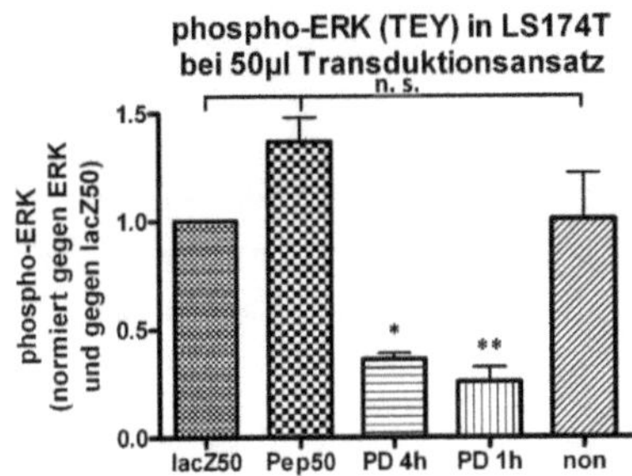

*Abbildung 14: Quantifizierung von phospho-ERK (TEY) in LS174T-Zellen mit 50µl des Transduktionsansatzes (lacZ oder myc-ERK2 [309-357] –Peptid=Pep) oder PD98059 für 4h (PD 4h) und 1h (PD 1h) sowie in einer unbehandelten Negativkontrolle (non). Alle Bedingungen jeweils gegen die entsprechende ERK-Bedingung desselben Versuchstags und gegen lacZ 50 normiert. Signifikanz von PD 4h und PD 1h jeweils versus lacZ50; n .s.=nicht signifikant=P-Wert>0.05; * P-Wert<0.05; **P-Wert<0.01; n=4*

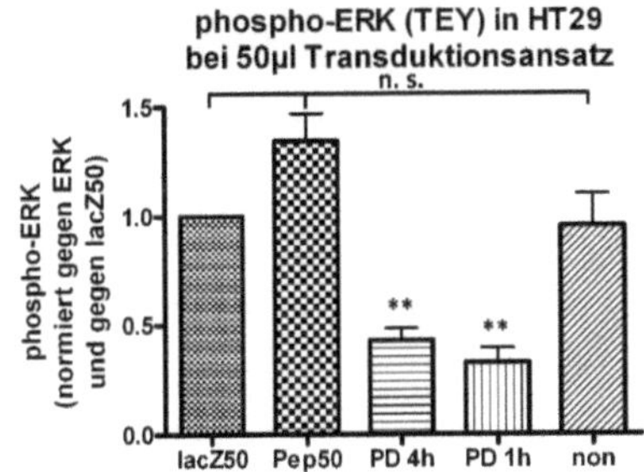

*Abbildung 15: Quantifizierung von phospho-ERK (TEY) in HT29-Zellen mit 50µl des Transduktionsansatzes (lacZ oder myc-ERK2-[309-357] –Peptid=Pep) oder PD98059 für 4h (PD 4h) und 1h (PD 1h) sowie in einer unbehandelten Negativkontrolle (non). Alle Bedingungen jeweils gegen die entsprechende ERK-Bedingung desselben Versuchstags und gegen lacZ 50 normiert. Signifikanz von PD 4h und PD 1h jeweils versus lacZ50; n .s.=nicht signifikant=P-Wert>0.05; **P-Wert<0.01; n=4*

Für die statistische Auswertung wurden die Versuche viermal wiederholt. Bei der Quantifizierung der pERK-Blots zeigte sich, dass keine signifikanten Unterschiede in der ERK-Phosphorylierung zwischen *lacZ*- und Peptid-Virus-transduzierten Zellen sowie der unbehandelten Negativkontrolle zu erkennen waren. Die Zellen, die für vier beziehungsweise eine Stunde mit der Positivkontrolle für ERK1/2-Phosphorylierunghemmung, dem MEK-Inhibitor PD98059, behandelt worden waren, wiesen jedoch eine signifikant geringere ERK-Phosphorylierung verglichen mit dem jeweiligen *lacZ*-Wert auf. Die beiden PD98059-Werte miteinander verglichen zeigten keinen signifikanten Unterschied. Es konnte damit gezeigt werden, dass das myc-ERK2$^{309-357}$-Peptid keinen Einfluss auf die ERK1/2-TEY-Phosphorylierung und damit auf die Kinaseaktivität hat. PD98059 hingegen inhibiert die Phosphorylierung und Aktivierung von ERK1/2 durch MEK1/2, wodurch auch die Aktivität von ERK1/2 unterbunden wird. Das myc-ERK2$^{309-357}$-Peptid eignet sich demnach, um Effekte von ERK1/2 selektiv zu hemmen, ohne dass die Aktivität von ERK1/2 blockiert wird.

Unter keiner der Bedingungen konnten signifikante Unterschiede in der ERK1/2-Expression der LS174T- und der HT29-Zellen festgestellt werden (nicht abgebildet). Dadurch wurde bestätigt, dass weder das *lacZ*- noch das myc-ERK2$^{309-357}$-Peptid-Virus noch der MEK-Inhibitor PD98059 die ERK1/2-Menge signifikant beeinflussten.

5.3 Vorversuche zeigen, dass das myc-ERK2$^{309-357}$-Peptid die anti-apoptotischen Effekte von ERK1/2 in Colo320 nicht beeinflusst

Es konnte bereits gezeigt werden, dass das myc-ERK2$^{309-357}$-Peptid die Kinaseaktivität von ERK1/2 nicht beeinflusst. Um nachzuweisen, dass die Behandlung mit dem myc-ERK2$^{309-357}$-Peptid die zytosolischen Effekte tatsächlich nicht beeinträchtigt, sollte die Apoptoserate in den Colon-Karzinomzellen als Marker für die anti-apoptotischen Effekte von ERK1/2 im Zytosol ermittelt werden. Dazu wurde die Caspaseaktivität in den Zellen bestimmt. Dieser Versuch konnte aus Zeitgründen jedoch erst einmal durchgeführt werden, weswegen das hier gezeigte Ergebnis nur präliminär ist. Die Aktivität der Effektorcaspasen 3 und 7 diente als Marker für die Apoptoserate in den Zellen und wurde mithilfe eines lumineszenz-basierten Caspase-Nachweis-Kits von Promega bestimmt. Dafür wurden die Colon-Karzinomzellen entweder mit *lacZ* oder dem myc-ERK2$^{309-357}$-Peptid je in verschiedenen Konzentrationsstufen transduziert. Es ist bekannt, dass der MEK-Inhibitor PD98059 zum Beispiel in primären Blasten der akuten myeloischen Leukämie (Lunghi *et al.*, 2003) und in Kardiomyozyten von neugeborenen Ratten (Ruppert *et al.*, 2013) Apoptose auslöst. Deshalb wurde diese Substanz als Positivkontrolle gewählt. Eine unbehandelte Zellprobe stellte die Negativkontrolle (non) dar. Für die Erstellung der Diagramme wurden die Caspase-Aktivitätswerte der *lacZ*- und myc-ERK2$^{309-357}$-Peptid-transduzierten Zellen sowie der PD98059-behandelten Zellen (PD 4h) gegen die Negativkontrolle (non) normiert. Die Ergebnisse der Zelllinien LS174T und HT29 zeigten keine erfolgreiche Positivkontrolle mit PD98059 und wurden deshalb nicht ausgewertet.

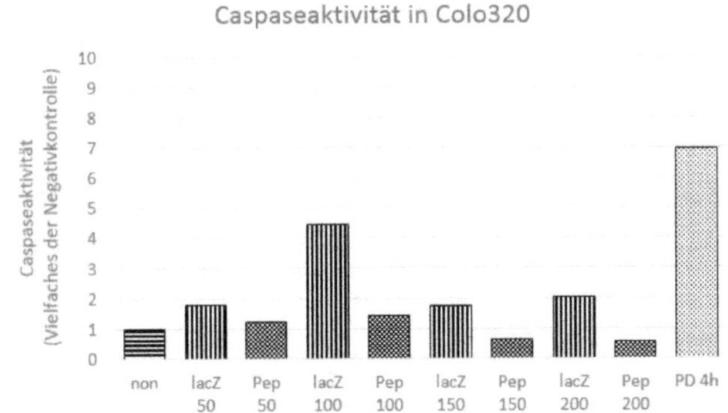

Abbildung 16: Caspase-3/7-Aktivität in Colo320-Zellen normiert gegen die unbehandelte Negativkontrolle (non); Positivkontrolle mit MEK-Inhibitor PD98059 für 4h (PD 4h); transduzierte Zellproben mit lacZ- oder Peptidvirus (Pep) mit verschiedenen Volumina des Transduktionsansatzes von 50µl bis 200µl

Die Zellen der Linie Colo320 reagieren auf den MEK-Inhibitor PD98058 in diesem einmalig durchgeführten Versuch wie erwartet mit hoher Apoptoserate. Bei den *lacZ*- und myc-ERK2$^{309-357}$-Peptid-transduzierten Proben finden sich weitgehend gleichmäßig niedrige Caspase-Aktivitäten. Im Vergleich zur Positivkontrolle liegen die transduzierten Proben deutlich darunter. Lediglich der *lacZ*-100-Wert weicht stärker von diesem Trend ab, was jedoch auf Messungenauigkeiten zurückzuführen sein könnte, da der Versuch nur einmal durchgeführt wurde. Insgesamt lässt das Ergebnis vermuten, dass die antiapoptischen Effekte von ERK durch das myc-ERK2$^{309-357}$-Peptid nicht beeinflusst werden. Allerdings muss diese Hypothese durch mehrfache Wiederholung des Versuchs überprüft werden. Um statistisch signifikante Ergebnisse erzielen zu können, muss der Versuch auch gegebenenfalls optimiert werden. Um auch von den anderen Zelllinien auswertbare Ergebnisse zu bekommen, könnte man einen anderen Apoptoseinduktor als Positivkontrolle verwenden, beispielsweise DNase I oder H$_2$O$_2$. Darüber hinaus wäre es möglich, die Apoptoserate der Zellen mithilfe eines alternativen Experiments zu ermitteln, wie zum Beispiel mit einem TUNEL-Assay.

6 DISKUSSION

Colorectalkarzinome gehören heutzutage mit mehr als 300 000 Fällen pro Jahr sowohl in den USA als auch der EU zu den häufigsten Krebsformen beim Menschen (LIEVRE *et al.*, 2006). Die hier beschriebenen Versuche und deren Ergebnisse lassen vermuten, dass mit dem myc-ERK2$^{309-357}$-Peptid neue Behandlungsmöglichkeiten für Colorectalkarzinomen eröffnet werden könnten. Ein bereits etablierter Ansatz, die Raf-MEK1/2-ERK1/2-Kaskade in der Krebstherapie zu manipulieren, ist zum Beispiel die Anwendung des anti-EGFR chimären monoklonalen Antikörper Cetuximab. Da dessen Wirkort jedoch zu Beginn der Kaskade liegt, ist er bei allen darauffolgenden aktivierenden Mutationen in der Raf-MEK1/2-ERK1/2-Kaskade, die Krebs auslösen können, wirkungslos (LIEVRE *et al.*, 2006). So zum Beispiel auch bei den in dieser Arbeit beschriebenen Zelllinien, die aktivierende Mutationen von K-Ras und B-Raf tragen. B-Raf-Mutationen sind die Ursache von bis zu 20% aller Colon-Karzinome und von 60-80% aller Melanome. Insgesamt sind B-Raf-Mutationen an der Entstehung von etwa 7% aller humanen Tumoren beteiligt (DAVIES *et al.*, 2002). Aus den Daten des *Catalogue of Somatic Mutations in Cancer* (COSMIC) (FORBES *et al.*, 2011) geht hervor, dass auch K-Ras-Mutationen in der Pathogenese des Colon-Karzinoms mit 33% eine große Rolle spielen. Außerdem sind sie an der Entstehung von 61% aller Pankreas-Karzinome beteiligt. Insgesamt sind K-Ras-Mutationen in rund 22% aller humanen Krebsarten zu finden (PRIOR *et al.*, 2012). Viele Versuche, das aktivierte Ras-Protein als therapeutischen Angriffspunkt zu nutzen, waren bereits erfolglos, weswegen es zunehmend pharmakologisch unattraktiv wurde. Die Inhibierung der Kinasen, die Ras in der Kaskade folgen, ist jedoch weiterhin ein erfolgversprechender Angriffspunkt für die Entwicklung zukünftiger Krebstherapeutika (SEBOLT-LEOPOLD, 2008). Es wurden bereits Raf- und MEK-Inhibitoren zur Behandlung von Melanomen entwickelt (FLAHERTY *et al.*, 2010; FLAHERTY *et al.*, 2012). Beispielsweise der B-Raf-Inhibitor PLX4032 (Vemurafenib), der selektiv die Proliferation von malignen Melanomzellen mit V600E-Mutation inhibiert und in diesen Apoptose auslöst (LEE *et al.*, 2010). Oder der selektive MEK1/2-Inhibitor Trametinib, der bei Melanomen mit V600E oder V600K (Substitution von Valin 600 durch Lysin) eingesetzt wird (FLAHERTY *et al.*, 2012). Allerdings entstehen gegen die meisten dieser Therapeutika innerhalb einiger Monate Resistenzen (SOLIT AND ROSEN, 2011). Es konnte gezeigt werden, dass dies in einigen Fällen an der Aktivierung ERK1/2-abhängiger negativer Rückkopplungsschleifen lag, durch die eine Hyperaktivierung der *upstream* Elemente des Signalwegs möglich war (MIRZOEVA *et al.*, 2009; WEE *et al.*, 2009). Diese negativen Rückkopplungsschleifen werden meist durch zytoplasmatisches ERK1/2 vermittelt, während Zellproliferation durch die nukleäre Translokation von ERK1/2 ausgelöst wird. Um die nukleäre Translokation von ERK1/2 selektiv zu unterbinden, stellten Plotnikov *et al.* (2015) ein Peptid her, dass die nukleäre Translokation und damit die Proliferation inhibieren sollte, jedoch nicht die negativen Rückkopplungsschleifen im Zytosol beeinflusst. Dieses Peptid leitet sich von der nukleären Translokationsse-quenz (NTS) von ERK1/2 ab und enthält das phosphomimetische Aminosäuremotiv EPE (Glutamat – Prolin – Glutamat). Es inhibiert die Interaktion zwischen Importin7 und ERK1/2 und verhindert so die nukleäre Translokation des letzteren. Das Peptid inhibierte in *Xenograft* Modellen erfolgreich das Wachstum verschiedener Krebsarten und induzierte in Melanomzellen Apoptose, hat jedoch keinen Effekt auf die Lebensfähigkeit verschiedener immortalisierter Zellen. Ebenso wie das myc-ERK2$^{309-357}$-Peptid der AG Lorenz, hat es keine Auswirkung auf die ERK1/2-TEY-Phosphorylierung und damit auf die zytosolische Aktivität von ERK1/2 (PLOTNIKOV *et al.*, 2015). Diese beiden ähnlichen Ansätze, die nukleäre Translokation von ERK1/2 in der Krebstherapie auszunutzen, scheinen sehr vielversprechend. In der AG Lorenz wurde dieser Wirkmechanismus darüber hinaus in Hinblick auf die Therapie der pathologischen Hypertrophie des Herzens untersucht. Auch in diesem Anwendungsgebiet könnte das myc-ERK2$^{309-357}$-Peptid erfolgreich eingesetzt werden. Es wurde bereits gezeigt, dass in der ERK1/2-Dimerisierungs-defizienten Mausmutante ERK2$^{\Delta174-177}$ keine Bindung der Gβγ-Untereinheiten, keine Thr188-Autophosphorylierung und keine nukleäre Translokation von ERK1/2 stattfinden kann (LORENZ *et al.*, 2009a). Außerdem wird durch Interferenz mit der Thr188-Autophosphorylierung die pathologische und nicht die physiologische Herzhypertrophie in Mäusen inhibiert, während zytosolische Effekte wie das Zellüberleben erhalten bleiben (RUPPERT *et al.*, 2013). In Zukunft sollen *in vivo* Experimente mit dem myc-ERK2$^{309-357}$-Peptid als Therapeutikum gegen die pathologische Herzhypertrophie durchgeführt werden.

Alle bisherigen Ergebnisse legen nahe, dass das myc-ERK2$^{309-357}$-Peptid als universelles *Tool* sowohl in der Krebstherapie als auch in der Behandlung der pathologischen Herzhypertrophie Anwendung finden könnte. Es unterscheidet sich dabei von anderen Methoden, die in die Raf-MEK1/2-ERK1/2-Kaskade eingreifen, dahingehend, dass es bisher geringere zytotoxische Nebenwirkungen zeigt. Es könnte dadurch eine deutliche Verbesserung der Therapiemöglichkeiten in den beiden genannten Krankheitsbildern mit sich bringen.

AUSBLICK

Trotz der vielversprechenden Ergebnisse zum myc-ERK2$^{309-357}$-Peptid bleiben noch viele weitere Fragen, vor allem zum genauen Wirkmechanismus des Peptids, ungeklärt. Um weitere Erkenntnisse über die Tauglichkeit des myc-ERK2$^{309-357}$-Peptids für zukünftige Therapiemöglichkeiten zu bekommen, müssen weitere Versuche durchgeführt werden.

Zum Beispiel ist es bisher nicht gelungen die Expression des myc-ERK2$^{309-357}$-Peptids in den Colon-Karzinomzellen mittels Dot Blot nachzuweisen. Da Krebszellen meist eine hohe endogene myc-Expression aufweisen, konnte das myc- ERK2$^{309-357}$-Peptid nicht mithilfe eines myc-Antikörpers detektiert werden. Für den Expressionsnachweis sollen in Zukunft noch weitere Dot Blot Versuche durchgeführt werden.

In neonatalen Kardiomyozyten von Ratten konnte bereits gezeigt werden, dass das myc-ERK2$^{309\text{-}357}$-Peptid die Hypertrophie nach Stimulation reduziert. Außerdem ist bekannt, dass es in diesen Zellen die Aktivierung nukleärer ERK1/2-Zielproteine herabreguliert, während zytosolische Effekte unbeeinflusst bleiben. In Cos7-Zellen konnte man darüber hinaus feststellen, dass das myc-ERK2$^{309\text{-}357}$-Peptid die nukleäre Translokation von ERK1/2 inhibiert (Daten von Angela Tomasovic). Zur Bestätigung des postulierten Mechanismus sollen die Western Blot Lysate der Colon-Karzinomzellen mithilfe eines Thr188-Antikörpers analysiert werden. Dieser dient der Aufklärung, ob das myc-ERK2$^{309\text{-}357}$-Peptid die Autophosphorylierungsstelle von ERK1/2 an Thr188 inhibiert.

Darüber hinaus soll mit einem Lokalisationsassay bewiesen werden, dass das myc-ERK2$^{309\text{-}357}$-Peptid die nukleäre Translokation von ERK1/2 in den Colon-Karzinomzellen verhindert. Zu diesem Zweck wäre es möglich, fluoreszenz-markiertes ERK1/2 in transgenen Zellen überexprimieren zu lassen, um anschließend dessen Lokalisation mit und ohne Gabe eines mitogenen Stimulus sowie bei Kotransduktion mit dem myc-ERK2$^{309\text{-}357}$-Peptid fluoreszenzmikroskopisch zu erfassen. Außerdem könnte im Rahmen eines solchen Versuchs auch die Genexpression des myc-ERK2$^{309\text{-}357}$-Peptids nachgewiesen werden.

Um statistisch auswertbare, signifikante Ergebnisse zu erzielen, und um den Trend der bisherigen Ergebnisse bestätigen oder widerlegen zu können, muss die Caspase-Aktivitätsmessung noch mehrere Male wiederholt werden. Gegebenenfalls könnte man die Durchführung optimieren, indem man einen anderen Apoptoseinduktor, wie DNase I oder H_2O_2, als Positivkontrolle verwendet. Der B-Raf Inhibitor Vemurafenib könnte in Zellen mit V600E-B-Raf-Mutationen als Auslöser des programmierten Zelltods dienen. Auch die Durchführung eines alternativen Apoptose-Nachweises, wie einem TUNEL-Assay, wäre eine Möglichkeit, um reproduzierbare Ergebnisse zu erzielen. Auch wenn bereits gezeigt werden konnte, dass das myc-ERK2$^{309\text{-}357}$-Peptid in Kardiomyozyten keine Apoptose auslöst, wäre es im Hinblick auf die Therapie von Krebserkrankungen hilfreich, wenn das Peptid in den Krebszellen selektiv den programmierten Zelltod induzieren würde.

Längerfristig soll die Wirkung des myc-ERK2$^{309\text{-}357}$-Peptids auch *in vivo* untersucht werden. Hierfür könnte ein *Xenograft* Mausmodell dienen. Damit könnte man die proliferationshemmende Wirkung des myc-ERK2$^{309\text{-}357}$-Peptids auf solide Tumoren *in vivo* überprüfen.

Außerdem sollen Versuche zur Ermittlung der Kardiotoxizität des myc-ERK2$^{309\text{-}357}$-Peptids erfolgen. Dazu könnte man Mäuse mit dem myc-ERK2$^{309\text{-}357}$-Peptid transduzieren und anschließend die Apoptoserate in den Kardiomyozyten mittels TUNEL bestimmen.

7 REFERENZEN

7.1 LITERATURVERZEICHNIS

Adachi, M., Fukuda, M., and Nishida, E. (1999). Two co-existing mechanisms for nuclear import of MAP kinase: passive diffusion of a monomer and active transport of a dimer. EMBO J *18*, 5347-5358.

Andreyev, H.J., Norman, A.R., Cunningham, D., Oates, J.R., and Clarke, P.A. (1998). Kirsten ras mutations in patients with colorectal cancer: the multicenter "RASCAL" study. J Natl Cancer Inst *90*, 675-684.

Benlloch, S., Payá, A., Alenda, C., Bessa, X., Andreu, M., Jover, R., Castells, A., Llor, X., Aranda, F.I., and Massutí, B. (2006). Detection of BRAF V600E Mutation in Colorectal Cancer : Comparison of Automatic Sequencing and Real-Time Chemistry Methodology. J Mol Diagn *8*, 540-543.

Carotenuto, P., Roma, C., Cozzolino, S., Fenizia, F., Rachiglio, A.M., Tatangelo, F., Iannaccone, A., Baron, L., Botti, G., and Normanno, N. (2012). Detection of KRAS mutations in colorectal cancer with Fast COLD-PCR. Int J Oncol *40*, 378-384.

Chen, R.H., Sarnecki, C., and Blenis, J. (1992). Nuclear localization and regulation of erk- and rsk-encoded protein kinases. Mol Cell Biol *12*, 915-927.

Cobb, M.H., and Goldsmith, E.J. (2000). Dimerization in MAP-kinase signaling. Trends Biochem Sci *25*, 7-9.

Davies, H., Bignell, G.R., Cox, C., Stephens, P., Edkins, S., Clegg, S., Teague, J., Woffendin, H., Garnett, M.J., Bottomley, W., *et al.* (2002). Mutations of the BRAF gene in human cancer. Nature *417*, 949-954.

Dudley, D.T., Pang, L., Decker, S.J., Bridges, A.J., and Saltiel, A.R. (1995). A synthetic inhibitor of the mitogen-activated protein kinase cascade. Proc Natl Acad Sci U S A *92*, 7686-7689.

Flaherty, K.T., Puzanov, I., Kim, K.B., Ribas, A., McArthur, G.A., Sosman, J.A., O'Dwyer, P.J., Lee, R.J., Grippo, J.F., Nolop, K., *et al.* (2010). Inhibition of Mutated, Activated BRAF in Metastatic Melanoma. New England Journal of Medicine *363*, 809-819.

Flaherty, K.T., Robert, C., Hersey, P., Nathan, P., Garbe, C., Milhem, M., Demidov, L.V., Hassel, J.C., Rutkowski, P., Mohr, P., *et al.* (2012). Improved Survival with MEK Inhibition in BRAF-Mutated Melanoma. New England Journal of Medicine *367*, 107-114.

Forbes, S.A., Bindal, N., Bamford, S., Cole, C., Kok, C.Y., Beare, D., Jia, M., Shepherd, R., Leung, K., Menzies, A., *et al.* (2011). COSMIC: mining complete cancer genomes in the Catalogue of Somatic Mutations in Cancer. Nucleic Acids Res *39*, D945-950.

Fukuda, M., Gotoh, I., Adachi, M., Gotoh, Y., and Nishida, E. (1997). A novel regulatory mechanism in the mitogen-activated protein (MAP) kinase cascade. Role of nuclear export signal of MAP kinase kinase. J Biol Chem *272*, 32642-32648.

Härkönen, P.L., Laine, J.K., and Siitari, H. (Dept. Anatomy, University of Turku and Wallac Oy PerkinElmer Life Sciences, 2001). Cell Proliferation Assay by Using MicroBeta ^{3}H-Thymidine Incorporation. Unter:http://www.perkinelmer.com/CMSResources/Images/APP_Radiolabeled_Thymidine_Cell_Proliferation.pdf (Stand: 30.05.2015)

ISU (Idaho State University, 2011). Radiation Information Network's Tritium Information Section Unter:http://www.physics.isu.edu/radinf/tritium.htm (Stand: 20.06.2015)

Kaplan, L.A., Bott, T.L., and Bielicki, J.K. (1992). Assessment of [^{3}H]-thymidine incorporation into DNA as a method to determine bacterial productivity in stream bed sediments. Appl Environ Microbiol *58*, 3614-3621.

Khan, S., Cameron, S., Blaschke, M., Moriconi, F., Naz, N., Amanzada, A., Ramadori, G., and Malik, I.A. (2014). Differential gene expression of chemokines in KRAS and BRAF mutated colorectal cell lines: role of cytokines. World J Gastroenterol *20*, 2979-2994.

Lee, J.T., Li, L., Brafford, P.A., van den Eijnden, M., Halloran, M.B., Sproesser, K., Haass, N.K., Smalley, K.S., Tsai, J., Bollag, G., *et al.* (2010). PLX4032, a potent inhibitor of the B-Raf V600E oncogene, selectively inhibits V600E-positive melanomas. Pigment Cell Melanoma Res *23*, 820-827.

Leschinger, C. (2007). Entwicklung artifizieller Matrixsysteme für das Purging hämatopoetischer Stammzellen: Hemmung der in vitro-Proliferation leukämischer Zellen durch Stammzellfaktor-ImmunglobulinG1-Fusionsprotein in Kombination mit Fibronektin bzw. Retronektin. In Department of Medicine (Charité, University Medicine Berlin).

Lievre, A., Bachet, J.B., Le Corre, D., Boige, V., Landi, B., Emile, J.F., Cote, J.F., Tomasic, G., Penna, C., Ducreux, M., *et al.* (2006). KRAS mutation status is predictive of response to cetuximab therapy in colorectal cancer. Cancer Res *66*, 3992-3995.

Liu, D., Li, C., Chen, Y., Burnett, C., Liu, X.Y., Downs, S., Collins, R.D., and Hawiger, J. (2004). Nuclear import of proinflammatory transcription factors is required for massive liver apoptosis induced by bacterial lipopolysaccharide. J Biol Chem *279*, 48434-48442.

Lorenz, K., Schmitt, J.P., Schmitteckert, E.M., and Lohse, M.J. (2009a). A new type of ERK1/2 autophosphorylation causes cardiac hypertrophy. Nat Med *15*, 75-83.

Lorenz, K., Schmitt, J.P., Vidal, M., and Lohse, M.J. (2009b). Cardiac hypertrophy: targeting Raf/MEK/ERK1/2-signaling. Int J Biochem Cell Biol *41*, 2351-2355.

Lunghi, P., Tabilio, A., Dall'Aglio, P.P., Ridolo, E., Carlo-Stella, C., Pelicci, P.G., and Bonati, A. (2003). Downmodulation of ERK activity inhibits the proliferation and induces the apoptosis of primary acute myelogenous leukemia blasts. Leukemia *17*, 1783-1793.

Mazia, D., Schatten, G., and Sale, W. (1975). Adhesion of cells to surfaces coated with polylysine. Applications to electron microscopy. J Cell Biol *66*, 198-200.

Mirzoeva, O.K., Das, D., Heiser, L.M., Bhattacharya, S., Siwak, D., Gendelman, R., Bayani, N., Wang, N.J., Neve, R.M., Guan, Y., *et al.* (2009). Basal subtype and MAPK/ERK kinase (MEK)-phosphoinositide 3-kinase feedback signaling determine susceptibility of breast cancer cells to MEK inhibition. Cancer Res *69*, 565-572.

Murphy, L.O., and Blenis, J. (2006). MAPK signal specificity: the right place at the right time. Trends Biochem Sci *31*, 268-275.

PerkinElmer1. Application Support Knowledge Base: Thymidin Incorporation Assay. Unter:http://www.perkinelmer.com/resources/technicalresources/applicationsupportknowledgebase/radiometric/thymidine.xhtml (Stand: 30.05.2015)

PerkinElmer2. Application Support Knowledge Base: Liquid Scintillation Counting.
Unter:http://www.perkinelmer.com/resources/technicalresources/applicationsupportknowledgebase/radiome
tric/liquid_scint.xhtml (Stand: 02.06.2015)

Plotnikov, A., Flores, K., Maik-Rachline, G., Zehorai, E., Kapri-Pardes, E., Berti, D.A., Hanoch, T., Besser, M.J., and
Seger, R. (2015). The nuclear translocation of ERK1/2 as an anticancer target. Nat Commun *6*, 6685.

Prior, I.A., Lewis, P.D., and Mattos, C. (2012). A comprehensive survey of Ras mutations in cancer. Cancer Res
72, 2457-2467.

Ruppert, C., Deiss, K., Herrmann, S., Vidal, M., Oezkur, M., Gorski, A., Weidemann, F., Lohse, M.J., and Lorenz,
K. (2013). Interference with ERK(Thr188) phosphorylation impairs pathological but not physiological cardiac
hypertrophy. Proc Natl Acad Sci U S A *110*, 7440-7445.

Sebolt-Leopold, J.S. (2008). Advances in the development of cancer therapeutics directed against the RAS-
mitogen-activated protein kinase pathway. Clin Cancer Res *14*, 3651-3656.

Seger, R., and Krebs, E.G. (1995). The MAPK signaling cascade. FASEB J *9*, 726-735.

Solit, D.B., Garraway, L.A., Pratilas, C.A., Sawai, A., Getz, G., Basso, A., Ye, Q., Lobo, J.M., She, Y., Osman, I., *et al.*
(2006). BRAF mutation predicts sensitivity to MEK inhibition. Nature *439*, 358-362.

Solit, D.B., and Rosen, N. (2011). Resistance to BRAF Inhibition in Melanomas. New England Journal of Medicine
364, 772-774.

Tanoue, T., Adachi, M., Moriguchi, T., and Nishida, E. (2000). A conserved docking motif in MAP kinases
common to substrates, activators and regulators. Nat Cell Biol *2*, 110-116.

Taylor, J.H., Woods, P.S., and Hughes, W.L. (1957). THE ORGANIZATION AND DUPLICATION OF CHROMOSOMES
AS REVEALED BY AUTORADIOGRAPHIC STUDIES USING TRITIUM-LABELED THYMIDINEE. Proc Natl Acad Sci U S A
43, 122-128.

Thomson, J. (Barcelona, 2013). LSC Cocktails - Form & Function.
Unter:http://www.ub.edu/LSC2013BCN/present/10_JThomson.pdf (Stand: 31.05.2015)

Torii, S., Yamamoto, T., Tsuchiya, Y., and Nishida, E. (2006). ERK MAP kinase in G cell cycle progression and
cancer. Cancer Sci *97*, 697-702.

Wee, S., Jagani, Z., Xiang, K.X., Loo, A., Dorsch, M., Yao, Y.M., Sellers, W.R., Lengauer, C., and Stegmeier, F.
(2009). PI3K pathway activation mediates resistance to MEK inhibitors in KRAS mutant cancers. Cancer Res *69*,
4286-4293.

Wolf, I., Rubinfeld, H., Yoon, S., Marmor, G., Hanoch, T., and Seger, R. (2001). Involvement of the activation
loop of ERK in the detachment from cytosolic anchoring. J Biol Chem *276*, 24490-24497.

Yoon, S., and Seger, R. (2006). The extracellular signal-regulated kinase: multiple substrates regulate diverse
cellular functions. Growth Factors *24*, 21-44.

Zehorai, E., Yao, Z., Plotnikov, A., and Seger, R. (2010). The subcellular localization of MEK and ERK--a novel
nuclear translocation signal (NTS) paves a way to the nucleus. Mol Cell Endocrinol *314*, 213-220.

7.2 ABBILDUNGSVERZEICHNIS

Alle hier nicht nachgewiesenen Abbildungen stammen von der Autorin.

A. PUFFER UND LÖSUNGEN

Acrylamidgele	Trenngel (12,5%)	Sammelgel (1,5%)
	10ml ddH$_2$O	7,5ml ddH$_2$O
	7,5ml Lower Buffer	3ml Upper Buffer
	12,5ml Rotiphorese Gel 30	1,5ml Rotiphorese Gel 30
	(Acrylamidstammlösung mit 0,8% Bis-	(siehe Trenngel)
	acrylamid 37,5:1 von Roth)	
	15µl Temed (AppliChem)	12µl Temed (AppliChem)
	195µl APS (10%)	120µl APS (10%)
APS (10%)	10g Ammoniumpersulfat (Merck)	
	ad 100ml ddH20	
Blockmilch	1,75g NaCl (AppliChem)	
	15g Magermilchpulver (AppliChem)	
	3ml 1M Tris pH 7,4	
	300µl Tween 20 (AppliChem)	
	ad 300ml ddH$_2$O	
BSA	5g Albumin Fraction V (pH 7,0) (BioFroxx)	
	150ml 2M NaCl	
	100ml 1M Tris pH 7,6	
	4ml NP-40 (AppliChem)	
	ad 2L ddH$_2$O	
p-Cumarsäure 90mM	14,77mg p-Cumarsäure (Roth)	
	1ml DMSO (AppliChem)	
IBX (10x)	21g NaF (Merck)	
	22,3g Na$_4$P$_2$O$_7$ ($\cdot$10 H$_2$O) (Sigma-Aldrich)	
	0,1839g Na$_3$VO$_4$ (AppliChem)	
	2ml NaN$_3$ (AppliChem) in 10%iger wässriger Lösung	
	ad 1L ddH$_2$O	
Lämmli (4x)	20ml 1M Tris pH 6,8	
	8g SDS (AppliChem)	
	40g Glycerin (85%) (Ph. Eur., bezogen von der Apotheke des Klinikums der	

	Universität Würzburg)
	50mg Bromphenolblau (AppliChem)
	20ml β-Mercaptoethanol (Merck)
	ad 100ml ddH20
Lower Buffer (4x)	181,72g Tris Xtrapure (BioFroxx) oder 500ml 3M Tris pH 8,8
	4g SDS (AppliChem)
	ad 1L ddH$_2$O
	pH 8,8 mit HCl einstellen
Luminol 250mM	44,3 mg Luminol (AppliChem)
	1ml DMSO (AppliChem)

Luminol-Mix	Lösung A:	Lösung B:
	1ml 250mM Luminol	100µl H$_2$O$_2$ (Honeywell)
	0,44ml 90mM p-Cumarsäure	10ml 1M Tris pH 8,5
	10ml 1M Tris pH 8,5	
	ad 100ml ddH$_2$0	ad 100ml ddH$_2$0
	Zur Herstellung des Mix werden Lösung A und Lösung B unmittelbar vor Gebrauch 1:1 gemischt und die Membranen für circa 1 Minute damit benetzt.	

Lysepuffer für	7ml Lysisbuffer
Caspase-Nachweis	70µl 100x PI
	70µl 100mM PMSF
Lysepuffer für	7ml Lysisbuffer
Western Blot	1,8ml 4x Lämmli
	70µl 100x PI
	70µl 100mM PMSF
Lysisbuffer	20ml 2x TSE
	4ml 10x IBX
	0,4ml Triton X-100 (AppliChem)
	15,6ml ddH$_2$O
PBS (10x)	80g NaCl (AppliChem)
	2g KCl (AppliChem)
	2g KH$_2$PO$_4$ (AppliChem)
	27g Na$_2$HPO$_4$ ($\cdot$7 H$_2$O) (AppliChem)
	ad 1L ddH$_2$O

PD98053 (30mM)	10mg PD98053 (Calbiochem)
	1,247ml DMSO (AppliChem)
PI (100x)	2mg/ml Soybean/Trypsin (AppliChem)
	6mg/ml Benzamidin (AppliChem)
	In 50mM Tris pH 7,4
PMSF (100mM)	17,4 mg PMSF (AppliChem)
	1ml EtOH abs. (Sigma-Aldrich)
SDS-Puffer (10x)	151,5g Tris Xtrapure (BioFroxx)
	720g Glycin (BioFroxx)
	50g SDS (AppliChem)
	ad 5L ddH$_2$O
	Vor Gebrauch 1:10 mit ddH$_2$O verdünnen
Stripping-Puffer	7,507g Glycin (BioFroxx)
	1,0g SDS (AppliChem)
	ad 1L ddH$_2$O
	pH 2,5 mit HCl einstellen
TSE (2x)	12,1g Tris Xtrapure (BioFroxx)
	35,1g NaCl (AppliChem)
	3,72g EDTA (Roth)
	ad 1L ddH20
	pH 7,4 mit HCl einstellen
	2ml NaN$_3$ (AppliChem) in 10%iger wässriger Lösung
Transferpuffer	12g Tris Xtrapure (BioFroxx)
	56,2g Glycin (BioFroxx)
	1000ml Methanol (Sigma-Aldrich)
	ad 5L ddH$_2$O
Trispuffer	1M oder 3M Tris Xtrapure (BioFroxx)
	ad 2L ddH$_2$O
	gewünschten pH (7,4 / 7,6 / 8,5 / 8,8) mit HCl einstellen
Upper Buffer (4x)	2g SDS (AppliChem)
	30,28g Tris Xtrapure (Biofroxx) oder 250ml 1M Tris pH 6,8
	ad 500ml ddH$_2$O
	pH 6,8 mit HCl einstellen

APS	Ammoniumpersulfat
BCA	bicinchoninic acid
BSA	bovine serum albumin
Ci	Curie (Nicht-SI-Einheit für radioaktive Aktivität)
ddH$_2$O	double-distilled water
DEVD	Asparaginsäure – Glutaminsäure – Valin – Asparaginsäure
DMEM	Dulbecco's Modified Eagle Medium
DMSO	Dimethylsulfoxid
DNA	deoxyribonucleic acid
ECL	enhanced chemiluminescence
EDTA	Ethylendiamintetraacetat
EGFR	epidermal growth factor receptor
Elk-1	ETS (E twenty-six)-like 1
EPE	Glutaminsäure – Prolin - Glutaminsäure
ERK	extracellular-signal regulated kinase
FBS	fetal bovine serum
Glu	Glutaminsäure
^{3}H	Tritium
His	Histidin
IBX	2-Iodoxybenzoic acid
Imp7	Importin 7
kDa	Kilo-Dalton
keV	Kilo-Elektronenvolt
Leu	Leucin
MAPK	mitogen-activated protein kinase
MEK	mitogen-activated protein kinase kinase
MP1	Metalloprotease 1
myc-ERK2$^{309\text{-}357}$	Fusionspeptid aus einem myc-tag und der C-terminalen ERK2-Sequenz (Aminosäuren 309 bis 357)
NP-40	Nonyl phenoxypolyethoxylethanol
PBS	phosphate-buffered saline
PDL	Poly-D-Lysin
PE	Polyethylen
PI	Proteaseinhibitor
PMSF	Phenylmethylsulfonylfluorid
PVDF	Polyvinylidenfluorid
P-Wert	Signifikanzwert, von engl. *probability-value*
Raf	rapidly accelerated fibrosarcoma
Ras	rat sarcoma
Rb	Retinoblastomprotein
RNA	ribonucleic acid
rpm	revolutions per minute
RPMI	Zellkulturmedium, entwickelt am Roswell Park Memorial Institute
SDS-PAGE	sodium dodecyl sulfate polyacrylamide gel electrophoresis
Sef1	suppressor of essential function protein 1
TCA	trichloroacetic acid (Trichloressigsäure)
TEY	Threonin – Glutaminsäure – Tyrosin
Thr	Threonin
TSE	Tris Sucrose EDTA
Tyr	Tyrosin
V600E	Substitution von Valin 600 durch Glutamat
V600K	Substitution von Valin 600 durch Lysin
Wt	Wildtyp

9 DANKSAGUNG

An erster Stelle möchte ich Prof. Dr. Kristina Lorenz dafür danken, dass ich in ihrer Gruppe und unter ihrer Leitung ein so interessantes Projekt bearbeiten durfte. Durch ihren kontinuierlichen Input und die konstruktive Kritik wurde ich stets dazu motiviert meine Arbeit zu hinterfragen und aus verschiedenen Blickwinkeln zu betrachten. Außerdem lenkte sie durch ihre langjährige Erfahrung in der Forschung maßgeblich die Entwicklung des Projekts, indem sie alternative Methoden und Vorgehensweisen einbrachte.

Des Weiteren danke ich Angela Tomasovic für ihre große Hilfe bei der Laborarbeit und bei der Recherche. Durch ihr breites Hintergrundwissen konnte sie mir jederzeit meine Fragen beantworten und so in besonderem Maße zum Verständnis des wissenschaftlichen Inhalts beitragen. Ihr häufiges Korrekturlesen trug dazu bei, dass ich die Qualität meiner Arbeit stetig verbessern konnte.

Anna-Karina Lamprecht danke ich dafür, dass sie mir bei der technischen Durchführung der Versuche half und ihre große Erfahrung mit mir teilte. Insbesondere in der Zellkultur und bei der Durchführung der Western Blot Versuche und des Tritium-Thymidin-Inkorporations-Assays konnte ich sehr viel von ihr lernen.

Außerdem danke ich allen Mitgliedern der AG Lorenz für die herzliche Aufnahme in ihr Team. Sie standen mir jederzeit hilfsbereit und geduldig mit Rat und Tat zur Seite.

Meinen Eltern gebührt besonderer Dank. Zum einen dafür, dass sie mir das Studium ermöglichen. Zum anderen standen und stehen sie mir in jeder Lebenslage und zu jeder Tages- und Nachtzeit zur Seite, unterstützen mich bei meinen Vorhaben und sind mir eine große mentale und moralische Stütze. Ihr geduldiges Zuhören und ihre stetige Motivation halfen mir bei Rückschlägen und in schwierigen Zeiten.

Nicht zuletzt möchte ich meinen Freunden und Kommilitonen für eine wirklich schöne Studienzeit in Würzburg und für viele tolle Erlebnisse danken. Ich hoffe die Freundschaften verlieren sich auch während des Masterstudiums und darüber hinaus nicht.

Caroline Kohnle